The Poetry of Architecture

建筑的诗意

〔英〕约翰 · 罗斯金（John Ruskin）著　王如月 译

山东画报出版社

图书在版编目（C I P）数据

建筑的诗意 /（英）罗斯金著；王如月译．—济南：山东画报出版社，2014.3

ISBN 978-7-5474-0993-0

Ⅰ.①建… Ⅱ.①罗… ②王… Ⅲ.①建筑艺术－艺术评论－世界－文集 Ⅳ.①TU-861

中国版本图书馆CIP数据核字（2013）第146985号

责任编辑 许 诺
装帧设计 王 钧
主管部门 山东出版传媒股份有限公司
出版发行 山東畫報出版社
社 址 济南市经九路胜利大街39号 邮编 250001
电 话 总编室（0531）82098470
市场部（0531）82098479 82098476(传真)
网 址 http://www.hbcbs.com.cn
电子信箱 hbcb@sdpress.com.cn
印 刷 山东临沂新华印刷物流集团
规 格 160毫米×230毫米
10.25印张 49幅图 100千字
版 次 2014年3月第1版
印 次 2014年3月第1次印刷
定 价 25.00元

如有印装质量问题，请与出版社总编室联系调换。

目录
Contents

前言
Introduction

1. 建筑科学是人类思想最高贵的创造物之一，并且完全是思想的产物。它不仅仅是由法则和圆规构成的科学，不只存在于对定理和比例的观测中：它是，或者应该是，感觉多于规则的科学，对思想的作用超过眼睛。想想建筑物的崇高与壮美，取决于迎合视觉偏见的程度，远少于引发思想中思考的深度，那么要树立起一座宏伟的建筑，无疑会涉及错综复杂的感受。它会证实这样的论断，尽管乍看起来可能有点吓人：建筑师都是形而上学家。

2. 本文和随后的几篇文章将阐述被称作“建筑的诗意”的建筑科学分支。这门艺术的特色包括建筑的国民性。它不仅有用，还很有趣，它将探索各国建筑的显著特征，不仅包括建筑对周围环境和气候的适应，也包括建筑与其所属国家主要精神气质的高度一致和联系。

3. 我认为我要完成的任务格外重要，因为这门科学在一些只知道石头和灰泥的人看来是空想，一些只考虑事实和比例的人看来是无用，在英国很不受重视。结果是什么？我们在杂乱的半露柱旁边树起科林斯式圆柱，上面还顶着怪异的胡椒盒。我们有形式上是哥特式，从细节看却是希腊式的建筑物，还美其名曰“本国特色”。在大都会周围的制砖区散落着名不副实的瑞士农舍。我们还有用板条和灰泥做的方窗平顶的绅士之家，带着摄政公园[1]的宏伟风格，却矗立在德文特湖[2]覆盖着林木的岬角上。

4. 这一切是多么令人遗憾，又是多么让人奇怪：在这个国家里，尽管画派因庸俗的着色而降格，因对不可模仿者的效颦而丢脸，但那些有显著天赋的人仍然为之争取到了当之无愧的荣耀。雕刻家的工作室里满是最简洁也最有力的作品。建筑学派却沦落至此！

5. 造成这一可悲现象的原因是多方面的。首先，它的出资者（我指的是社会各阶层的建筑，从最低级到最高级）相比画作而言，数量不少，能力却非常欠缺。对于普通大众，我感到很遗憾，因为通过我的观察，他们滥用手中的权力，来迫使艺术家用花哨代替美。尽管如此，他们却不能左右画派。通过我们的展览不难看出公众的品位。在水彩画家协会的展览上，我们看到参观者带着诅咒经过泰勒（Tayler），对路易斯(Lewis)毫不关心，却对无名画家画的可爱小羊羔和睡莲的作品充满敬羡。在皇家艺术学会的展览上，我们看到他们对威尔基(Wilkie)、特纳(Turner)和凯克特(Callcott)表现出轻蔑或是怀疑地耸耸肩，旋即加入兴奋地凝视水壶的人群，上面绘着女巫以及风雨中的皇家船队。但这些作品无法因为公众对他们的喜爱而获得声望，因为裁定权并不在公众手中，是由一小部分精英，由有天赋和品位的贵族阶级来作决定，来挑选艺术家并赋予他们名望。

---

〔1〕 摄政公园是英国伦敦仅次于海德公园的第二大公园，位于伦敦西区，19 世纪风格，园内有八栋别墅。知名建筑师约翰 · 纳什于 1811 年设计。——译注

〔2〕 德文特湖位于英格兰西北部的湖区。——译注

瑞士小屋

6. 建筑的情形就不同了。总的来说，权力是分散的。每个人都可以以住户的名义，要求建筑符合自己的品位或偏好，建筑师则是他的仆人，不只要允许他评价，还要允许他介入。宫殿或者贵族之家也许有着不凡的品位，为全国所称羡。但所有者的影响力仅限于其产业：他对附近的景物并无控制权，拿周围的土地所有者也没办法。我们城市的街道就显示了品位冲突所致的后果。它们要么以完全缺乏装饰而出名，要么因各种丑陋而失色。

7. 这样一来，在我们这种环境中，那些为数不多的拥有知识和感觉去发现美的人，经常被环境所限制而无法实现它。英国人的安逸总是会妨碍他们的品位，以至于要追求后者，便要失去国民性。他不能拥有凹进来的窗子，除非他想让屋子变黑。他不能安装屋顶山墙，除非他想让自己的头碰在椽上。最糟糕的是他会被不可避免地扣上怪人的帽子。不过，尽管目前存在建筑学派的不尽人意，很大程度上要归因于出资者的意愿或不足，但更主要的原因无疑是建筑师本身缺乏品位和才华。确实，在一个对此并不鼓励反而贬抑的国家，不能期待会出现米开朗基罗。我们的建筑师都把精力花在建造“整洁的”贫民院和“好看的”慈善学校上了。即使他们有机会建造高档建筑，成本也是考量的重中之重：石膏和灰泥取代了花岗岩和大理石。铁条取代了蛇纹石柱。在刻意的求新求变之后，奇异被当作优雅，复杂被视为壮观，矫饰被当作美丽，而丑陋被视为简洁。

8. 但所有这些不足可以得到一定程度的弥补，所有的弊端也可以在一定程度上规避，如果我们的建筑师能够关注我所说的“建筑的诗意”这门艺术。精神气质的一致（这是良好品位的首要原则）被忽视了，那么我们只会看到不协调的组合：我们的尖塔缺乏高度，窗户光线不足，柱子无所支撑，拱壁上面什么也没有。我们看到教区贫民在哥特式拱顶和壁式神龛下抽烟喝酒。年老的英国绅士倚在板凳上，从瑞士小屋的窗子往外看。

9. 所以我将努力尝试去阐释那些被忽视的原则，精神气质的一致性，优雅的基础和美感的本质。我们会考察各国建筑受到它们气质和风俗的影响，与周围景物的联系，处于什么样的天空之下。我们将要看到街市和农舍，也会看到庙堂和高塔。会更关注那些被精神气质所支配的建筑，而不是被规则所约束和纠正的建筑。我们将从最低等的建筑开始，从路边到村庄，从村庄到城市。如果我们成功地把一个人的注意力更直接地引导到建筑科学这一最有趣的分支，这本书也就算没有白写。

第一部分　乡村农舍

The Cottage

一 英格兰和法国的低地农舍

10. 所有人们用来增加自然景色之美的修饰中，最有效的是能给风景增添活力的那些修饰，而它们赋予的精神气质与景色的总体风格一致。总的来说，在自然之美中显示有生机的造化是好的。但这些造化必须被赋予精神，良材没有美质就意味着死亡。这样一来，如果我们的目标是修饰平和自然的景观，我们就不能建立起一座夸耀炫富的建筑。不管它本身何等美丽，使人印象深刻，这样的建筑物立刻暗示了某种不适合其栖居其间的景物的存在。对于寻求退隐的思想来说，与自身感受的隔离通常不会引起我们的同情；但是，如果我们建起一幢寓所，它看起来与愿望相适应，也足够舒适，能够满足平和的心绪和低调的思想,我们就可以立刻达到目的。我们赋予了自然以美的活力，但并没有打扰它的宁静。

11. 正是出于这一原因，农舍是值得关注和思考的自然景观的修饰之一。它很美，并且无处不在。不管是峡谷森林里向外远眺的圆形窗户，还是银色的老树中间冒向碧空的轻烟；阳光灿烂的沃野麦田中的几座，或山坡上灰色的一片，农舍总给人一种可爱的感觉：一个安静而有活力的声音，同时它又如润物细无声般平和。

欧洲农舍

12. 带着这些感受，我们将花些时间思考欧洲农舍的精神气质和国家特性。英格兰低地农舍引人注目的特征是其高度的整洁。茅屋顶钉得很好，边缘平整度控制得恰到好处。尽管雨燕可以在屋檐下筑巢，获得安宁和保障，却能为农舍增色，因为农舍变得更加有用了，它为不止一种生灵提供了舒适。石灰墙壁一尘不染，它那粗糙的表面使得光线即使从侧面射入，也会和正面一样明亮，窗前是优雅茂盛的玫瑰花。阳光下，那些闪烁的格子不是大四边形，而是一片交织的亮点，半开的窗户向下俯视着蔷薇的叶子，感受着花丛中拂过的微风带来的芳香。农舍的正面是突出的浅色木质门廊。杂物柜上放着一两枝金银花。几平方英尺的花园和一扇带锁的小门，很有吸引力地召唤着风尘疲惫的旅人进来坐坐，喝杯水或牛奶，这就构成了一幅画，如果农舍离伦敦足够远，不曾受到城镇风气的影响，它自身就很完美[1]。它会带给人

〔1〕 对照《建筑与绘画演讲录》1.16。

感官的愉悦，这样的建筑正是我们在此情此景中想要见到的。它好看并且恰到好处；如果它炫耀其他类型的完美，便显得不得体了。

13. 让我们试着越过海峡，看看对岸的乡村农舍。它很是不同。那里的村庄很多，但单独的农舍很少。让我们到阿比维尔和鲁昂一带白垩高地间的绿色山谷去找找看。总算有一座农舍了，它有着与英式住宅不同的特色。到底是哪里不一样呢？法国农民的住处总带着几分冷静，那种整洁则强化了这一点。一种漫不经心的美和装饰物的痕迹使之更加明显。石灰已经掉了一半，另一半被各种各样的苔藓地衣所蔓延覆盖，人们对此毫不介意，而这尽管很美，却是一种古旧之美。阁楼的窗户之上是高耸的屋顶。下面如果是英格兰的农舍，会有两扇窗格，在法国却是一个由坚硬的灰色岩石构成的拱形深槽。里面的玻璃（如果有的话）的光亮也消失在了阴影中，让深槽看起来像是深色的眼睛。门的感觉类似，也是石质，毁坏变形得很厉害，毫无力量或稳固可言。入口处总是敞开着，没有玫瑰或是别的什么花装饰。外面的几间房子也是同样的风格，扩大了建筑物的范围。建筑群（可能附属于远处某座大的古堡）不在灌木或树丛中，也不被高大美丽的树木环绕，而是坐落在公路旁笔挺的榆树林荫道上。

14. 现在不难看出，这两种农舍的显著特征与它们置身其中的国家，以及居于其中的人们是何其相宜。英格兰是个小而精的国家[1]。它绿色的山谷一点不宽，山地虽清新却不高。它的森林也不广大，也许应该称之为树林。它的平原精巧地划分成一个个小方格。我们很难看到远方。这是一种说不出来的感觉，只能用小巧玲珑一词来形容，

---

〔1〕 对照《现代画家》第四卷第1章。

每个安静的角落、每条不起眼的小巷都体现着这一点。于是英国的农舍也一样小而隐蔽。

15. 但法兰西是个幅员辽阔的国家。低而长的山地中间是一望无际的平原。广阔的森林覆盖着数百平方英里的国土，浓密得不见天日。牧场和耕地面积相仿，没有围栏。无论在哪里，周围都是广阔的一大片，场面宏大得让人不太舒服。于是法国农舍也一样大而幽静。然而我们可以看到，尽管它带给我们的感受不能算是庄严，却要高过英国农舍。

16. 英国每一块被开垦的土地都有高度的整洁感，被篱笆或围栏分开，果树修剪得整整齐齐，道路也十分美观，如此种种，不一而足。法国的情形截然相反：土地由它们种植的庄稼区分开；果树上满是苔藓和槲寄生；公路很宽，但不美观。

17. 关于两种农舍与所在国家的相似之处就说这么多。我们现在来看看它们与建造它们的人的相似之处。英国是一个持续繁荣、蓬勃兴旺的国家。正因为如此，没有多少东西是持久的。古老而高大的树木被砍伐做了木材；老房子被拆掉做了建材；老式家具成了笑话，没人关心。一切总在变，被新的发明和改进所取代。于是农舍也不致显得破败，根本等不到老去的那一天。哪天它变得不再舒适，就会被拆掉重建，它本来的设计就不能抵御时间的侵蚀。然而法国的情形是两种截然不同的感觉的结合体。那些家谱古老的人，总希望尽量保持过去的一切。现代的革新者则毫不留情地毁灭一切。每件物品都既像是从久远的年代精心保存下来的，又显现出近期被毁灭破坏的迹象。原始森林的边缘是年轻的小树。城堡和宫殿显示着它们古老的庄严，上面却有着炮火的痕迹，而且由于无人照料，已经摇摇欲坠了。革新并不多，没有多少精神上的进步。老家长们教给孙辈的仍然是几个世纪

老式窗户，作者早年的素描。

前的礼仪。于是，法国农舍就和居住其间的人们一样，巨大的窗户，毁坏的装饰，所有的一切都历史悠久，令人尊敬，直到最后因为无人照料而荒废了。

18. 此外，英国人最关心的是舒适，他不但想要拥有它，而且也有能力实现它，因为英国农民总体而言比法国农民要富裕。法国农民

英国农舍

没有舒适的观念，也就不会去追求它。两类居民的不同之处，从农舍上一眼就能看出来。英国人也有摆设。但屋内屋外的装饰，无论多么精巧，要么是展示自己储物之丰富，要么是有益于自己的好处和愉悦，它们从来不是为了装饰而装饰。这样，他妻子的表现欲通过壁橱里一排排没有实际用途的陶器展示出来；他自己的表现欲则寄托在了门前的玫瑰丛中，它为他提供了星期天别在最喜欢的蓝外套扣子上的花蕾：种植忍冬是为了它的香气，花园里还有卷心菜。法国不是这样。那里即使是最卑微的农民也喜欢摆设，尽己所能装饰居所，只为了追求视觉上的满足。屋顶山墙做得很漂亮，角上雕饰得很精美。如果有木梁，一定要做出怪兽的形状。甚至建筑物整体的破败和漫不经心的氛围都在强调着一种图画般的感觉，与英国农舍的简洁迥然不同。

19. 只能引发自鸣得意感的建筑物，不能说是有品位。正相反，这种层次的建筑既无法让人惊羡，也不显得庄严，它置身其中的场景通常无趣之至，需要通过建筑本身来提供过度的刺激，引发鲜明的对比和强烈的满足感，可能是一种更有趣的东西已经消逝了的感觉。眼前的乐趣想要填补这种空虚，也能达到理想的效果，不管是出于什么原因。

20. 现在看来，法国农舍不能以恰到好处来取悦于人，因为它要适应周围难看的景观。而且，尽管它无法选择周围的环境，它却更无法以美来取悦于人。那它该如何让人们感到愉快？它没有在表面上假作快活，窗台上也没有绿色的花盆。但它总体的装饰风格，如凹窗、石雕以及总的尺寸，它们一起给人一种印象，即这房子本是给更有地位的人士居住的。它一度很有实力，只是现在衰落了，它的美丽也褪色了。那是一种失落和不复存在的感觉，这正是它想要的。这种印象立刻就会形成。我们会感到一种空想出来的美。尽管眼前的建筑看起来令人遗憾，精神上却可以羡慕那想象中逝去的荣耀。每一个衰落的迹象都会加剧这种感受。这些迹象（石头的裂缝、朽壁的青苔以及屋顶坍塌的优雅轮廓）本身也令人愉悦。

21. 我们已经知道，英国农舍因得体而美丽，而法国农舍因其气候、国家和人民的缘故，给人的感受截然不同，那是一种精神层面的美，并因此品位不凡。要说为什么好的品位意味着不令路过者感到惊异，我们的回答是，当周围的环境普普通通，适应它们的最佳方式便是建筑本身也不引人注目。而在下一章，我们会在欧洲一个极为高贵的地区，看到同样因品位不凡产生的农舍适应环境的不同结果。我们要讨论的是意大利北部的低地农舍。

1837 年 9 月于牛津

二 意大利的低地农舍

“最富乐感，也最忧郁。”[1]

22. 如果我们先讨论几句我们所到的这个国家的风景，希望读者不要认为是跑题。在对一国建筑的美丽或可怕形成公正的评价之前，获得这个国家显著特征的确定知识总是必要的。希望读者们尽量浸染我们来到的这个地方的精神气质。抛开各种一般的观念，追寻感受的一致，否定那些违背自然之处。我们一定要让读者感到身临其境，我们必须在他们的想象中洒上特别的光亮和色彩；然后才可以让他们作出合理的判断。

23. 不难看出，我们经历了安逸到隔绝、兴奋到悲伤：我们经过了一个意气风发的繁荣国家，一个垂垂老矣的轻佻国家，现在要来到一个满是逝去了荣耀的国家了。

我们以《沉思者》（Il Penseroso）中用滥的名句作为本章的题记，因为它是关于美之本质的一种定义。最富乐感的东西，也总是最忧郁。离开了悲伤的浸染，便没有真正的美。美一旦失去了它的忧郁，便会退化成好看。我们在此请读者回忆，他们是否能记起一个场景，看上

〔1〕“最富乐感，也最忧郁”来自英国诗人弥尔顿（1608—1674）的著名诗歌《沉思者》。——译注

去不止是好看，但不带有一丝忧郁或危险？前者构成了美，后者构成了崇高。

24. 基于这一多数人认定的假设（对于那些固执挑剔的读者，我们要说，如果这是一篇关于崇高和美的论文，我们完全可以用数不清的例子来说服他们，让他们满意），我们在这里强调一下，只说一遍，即意大利风景的荣耀主要体现在其极端的忧郁上。也本该如此：逝者是意大利的主人。她的名望和力量与逝者们一道居于地下。她最可自豪的是墓碑，她本身就是一个巨大的坟墓，而现在的她更像是幽灵和回忆。于是，或是出于一个最美的巧合，她的国树是柏树[1]。无论是谁，一旦在这些高贵朦胧的尖塔带出的那种精神气质中留下了自己的印记，用自己的足迹搅动了倒塌的大理石柱旁边的黑暗，或是打破了阴暗的庙宇和空旷的神龛的沉寂，对黯淡的蓝色平原一览无余，却不喜欢对意大利柔美的墓地海岸表示哀悼的深色树林，那么他的行走便是玷污了她的土地。

25. 这里的风景是一个整体；处处悼念着昔日的荣耀。深蓝的天空下是连绵的山丘，或是静默的、蓝宝石般的海洋。苍白的城市、庙宇和尖塔在平原上闪耀。但一切是那么地平静，没有人声的喧哗，没有夸张的举动，它们像灰烬般的城市一样悄无声息。橘子的花朵和深色的橄榄叶笼罩在温柔透明的空气中。在其他国家活泼灵动、在卵石间叮当作响、水花四溅的小河，在这里则会静静地流入浅色的大理石圣水池，倒也别具美感。顺着不知何时何人修建起来的水道，流过忧郁的花丛、芬芳的树林，流过凉爽的、装饰着树叶的岩洞，或是灰色

---

〔1〕 柏树枝在西方国家是哀悼的标志。——译注

台伯河

波河

阿尔卑斯山下的意大利农舍

的仙女石窟，汇入台伯河（Tiber）或波河（Eridanus），化作内米湖（Nemi）或拉伦湖（Larian Lake）的浪花。连那些最小的东西（叶、花和石头），在为整体增色的同时，似乎也分享了忧伤。

26. 然而，若说意大利风景最主要的气质是忧郁，另一个便是崇高。我们看不到纯粹的乡土气，没有驴蹄草或金凤花那种隐居的谦卑感。高大的桑树之间是茂密的葡萄藤，架子上是一簇簇紫花，树荫下是宽阔、庄严的玉米地。到处是高大的植物（梓树、芦荟和橄榄），一排排地在白色平原上延伸到远方，把视线引向阿尔卑斯或亚平宁山脉的屏障。那些山脉不是漫长的冷灰色，而是散发着炫目的雪光，或是一片更为深广模糊的蓝色波浪消失在远方。峰顶、悬崖和海角连着森林山丘，每一个都有塔尖，或有白色的村庄连接着它和平原。丘顶是几字形的城垛。平原上有宽广的河流，上面是桥梁，两侧是城市。一切笼罩在无云的碧空和明朗的阳光下，在静默中呼吸着芬芳的空气。

27. 现在问题出现了：在这样一个丰饶与昔日荣耀的忧郁记忆并存的国家里，对于她最卑微的建筑的特质，我们会产生何种期待呢？那些与现实而非过去联系最紧密的建筑，也就是农舍，怎样才是得体或美呢？

我们不能期待安逸，因为周围的一切都显得衰败而令人忧伤。我们不能期待整洁，因为大自然的美和被忽视有关。但我们会自然而然地寻找一种庄重感，以及设计或形式上的丰富，眼前的建筑只是农舍，仍可能带有贵族气质，一种看起来（尽管破败）曾经身处荣华富贵中的美。现在请想象一下，我们就在一座意大利农舍面前。去过意大利的读者很快就能回忆起来，它那宽广的光影轮廓，宏伟与颓败的奇特组合。我们且来看看它的细节，罗列一下它在建筑学上的独特之处，到底和我们想象的农舍的特征有多一致?

28. 第一个引人关注的地方是屋顶。瓦片的曲率通常很深，使它们竖了起来，比我们那些平直的瓦片要好看。屋顶本身的形状却非常平，不会太惹眼，结果可想而知，英国的村庄远看是一片红色的屋顶，在意大利却是一片白墙。出于同样的原因，它们尽管明亮，却不花哨。这些屋顶有力地证明了对于气候或环境有用的东西都是美的。意大利的阳光充足而强烈，如果直射室内会让人受不了，因此屋檐远在墙壁之外，投下长长的阴影，以始终保持高处窗户的凉爽。墙壁上那长而斜的投影总是使人愉快，也足以让建筑物有味道。它们是西班牙和意大利的建筑所特有的。在更往北的地区，建筑的色彩总是更深一些，屋顶的投影不管多远，总不十分清楚，不显得斑驳，反觉得抑郁。这些投影的另一个装饰作用是，它们模糊了墙壁与屋顶之间的连接线，这总是很有好处的，在各种类型的建筑中，无论材质是铅锌、石板、瓦片还是茅草，这总是一大难题。对此意大利的农舍解决得不错，在屋檐下面开两到三扇窗户，也是为了凉爽之用，它们的顶部就是屋檐本身。而墙壁看起来也呈巨大的几字形，并且被屋顶盖住了。最后，屋檐还是多层的：总有两到三排的瓦片，穿插着一些长木或不规则的木工制品以悬挂花饰。这种优雅的不规则，以及屋顶整体的特性必须由与之相称的诗人、艺术家或公正的建筑师来鉴赏。一切又是那么地谦卑，我们还没有遇到我们所期待的崇高，我们随后会看到的。

29. 下一个兴趣点是窗户。现在的意大利人很像猫头鹰，白天里他懒惰懈怠，但到了夜里活跃异常，然而忙的不是正事。懒惰部分是因气候所致，部分是国家衰落的结果，他所做的一切都带有这种特征。他倾向于在废墟上建造房屋。他在破败但仍坚固的古罗马圆形露天竞技场的拱廊下建立店铺和呆滞、茫然、粗俗的贫民窟。社会下层的居所经常带有更为高档的建筑的装饰特征。这种倾向是如此明显，以至于在其他国家会被认为是不得体。但在意大利，它与昔日的荣耀相称，也就是美的。于是，损坏的窗模和四角柱顶的雕塑宜人眼目，前者没有玻璃的黑暗与后者破旧肮脏的帐幔相映成趣。意式窗户总的来说是厚壁上的一个洞，通常很匀称。有时是天窗，有时装饰得多一些：很少有铰链或玻璃，但常有条纹布或深色布，从远处看有一点点像百叶窗。这些布挡住了太阳，又能透气，非常有用。如果没有布，窗户就成了一个黑色的洞，与玻璃窗相比，就好像是空洞的头骨之于明亮的眼睛一般。那种忧郁苍白的表情显得异常空洞孤寂，让人很不舒服。但也别有味道：这些黑点远看并不难看，也不会打搅四周的宁静。另外鉴于周围的温度，这样一个通风孔也让人觉得舒服。一些窗子外面连着阳台，打破了墙壁的连贯。有的意大利农舍还有木质的凉台，很像瑞士的风格。但除了北意大利的山谷外，在别处并不常见，尽管有时两座房子之间会有通道相连。这很令人愉快，特别是它们常常被藤蔓缠绕，赋予了建筑一种特别的优雅。

30. 下一个引人注目之处是底部的拱廊，在城市里比较常见，农舍也会以此来彰显自身的重要。实际上，意大利农舍经常是一群一群的，单独的一座很少见。从一座到另一座的时候，拱廊即使不是必需，至少很宜人。在瑞士的城市里它更加重要，因为下大雪的时候很有用。但瑞士的拱顶是用长度不一的墙壁支撑的，下面是宽广的基座。而在意大利，拱顶下面一般由柱子支撑，高度从1.5个直径到4个直径不等，柱顶多有装饰，但细节不是很丰富。对于一组建筑物来说这十分优雅：在总体的布局中它们意味着更多。

意式农舍走廊，1846 年。

31. 远处农舍屋顶上伸出来的方塔也引人注目。我放这幅图，不是因为这样的场景很少见，而是它比较有代表性。[1] 其次，在意大利几乎找不到一组后面完全没有方塔的建筑，它们优美地打破了单调，

〔1〕 插图或许有助于理解评论。图中的建筑临近奥斯塔市，结合了意大利农舍所有引人注目的特性：幽暗的拱廊、柱顶的雕饰、藤条覆盖的凉台、平而乱的屋顶，也清晰地展现了我们希望看到的特征，即明亮的效果、简洁的形式和庄重的气质。但不要以为这样的组合十分少见。正相反，它在意大利大部分地区的农舍中都很常见。选择这栋建筑不是因为它的偶然性，而因为它是很好的范例。（这张图片使用的是杂志上的版本，是最初草稿的凸印版。）

纳沙泰尔的烟囱，远处是马特合恩峰和勃朗峰。

奥斯塔山谷拉赛特附近的农舍，1838 年。

桃金娘

意大利农舍

与平直的屋顶和围墙也形成了对比。所以我们认为，有必要给农舍来一点调剂，况且这也是真实的场景，尽管我们在谈论的是抽象的农舍。

32. 现在我们已经从细节上观察了意大利农舍的主要部分，下面要把注意力转移到整体特征了。

(1) 简洁的形式。平坦的屋顶上没有阁楼窗，也没有夸张的人字墙，墙壁也是同样的平坦，没有德意志、法国或荷兰常见的各种各样的凸窗。

这种简洁或许是意式农舍能够如我们所期待的那样，让人体验到庄重感的首要特质。形式上的夸张、细节上的繁复，会让一座建筑失去它的高贵，会毁掉它的庄重得体，也难免让它显得格调不高。看到人字屋顶，我们会想到阁楼；看到突出的窗户，会想到飞檐矮楼和帐篷床架。现在意大利农舍以简洁展示其高贵，而且它既没有愚蠢地试图效仿宫廷，也没有显得过分卑微。它的装饰颇有尊严，没有鬼脸，没有呆板的切口板材，却有比例匀称的拱顶和雕琢得当的柱廊。尽管没有什么与其居民的谦卑身份不相称的东西，却不失尊严，这与周围一些大型建筑物的高贵以及景色的壮观相呼应。

33.（2）明亮的效果。墙壁上没有气候留下的痕迹：空气和土壤都不潮湿，也就无法侵蚀到建筑，日光的热度驱走了所有的苔藓和地衣。屋顶没有茅草或石头。一切都很干净、暖和、清楚。离得越远，效果就越明亮，直到远处的村庄在橘园或柏林中闪烁，因其异于周围的环境而显得有些不协调。但要记住意大利风景的主色调是蓝色。天空、山丘、水面都是碧蓝色：橄榄作为重要植被，不是绿色而是灰色。柏树类的植物色彩较深，月桂和桃金娘也非亮色。白色与绿色并不协调，与蓝色的对比则令人愉悦。这样便不难得出结论，意式建筑的白色不会在周围的风景中显得突兀和不协调，我们相信，这是得不到允许的。

34.（3）优雅的感觉。意大利的农舍总带着一种优雅的随意，难免让我们觉得下层的品位也可以被地区的荣耀、遗址的美感所提升，这便是明证。我们总是坚信气候的影响，也不免要去讨论它。但是这一章已经超出了计划，我们要说的是，经常观察高贵的自然景观和古典建筑的遗址，无疑有助于提升品位。而其影响就体现在了那些最现代也最谦卑的建筑上。

35. 最后要说的是坍塌。我们刚才用了“优雅的随意”这种说法，优雅与否是品位问题。但意大利农舍的破败坍塌值得注意。气候的宜人使得居所只需要挡住阳光和暴雨，外面的拱廊就可以满足这些。白天晚上都可以住在那里，屋子反而被忽视了，日渐脏乱。懒惰放任了时间的侵蚀。宗教活动使得每个人一周有三天无所事事，而这三天里形成的习惯支配着其他四天。贫困使人软弱无力，粗俗和怠惰削弱了意志。意大利人不讲卫生，也就不觉得自己的生活状态有什么不妥。破落的屋顶、朽坏的窗户、昏暗的房间、褴褛的帐幔，这一幕近看简直刺眼，也显得忧郁。即便如此，很多人还是不思改进。国家的成功和个人一样，需要铁下心来忘记过去。生者要把死者踩在脚下，死者应该被忘记，他们要为生者让路。但在意大利，死者没有被踩在脚下，也没有随着时间的流逝而淡出。谁会愿意用崭新的面貌、苏醒的力量来换取意大利的昏昏欲睡、她忧郁的遐思、她甜蜜的静默、她漫长昏暗的回忆呢？

36. 以上是意大利农舍的显著特征。请不要以为我们是在花时间凝视它的美，尽管这种美无法复制，因为建筑师不能支配时间和选择环境。即使他能够，他也不应该复制，因为它只在当地才受欢迎。不要忘了，我们的目的不是获得建筑学资料，而是提升品位。

1837 年 10 月 12 日

三 瑞士的山地农舍

37. 我们已经考察了三种低地农舍或有趣、或关键的主要特征，不过我还没有谈到诺曼式村庄雕琢的椽木山墙和阴暗的屋顶，也未曾提到德国式农舍黑色的交叉椽和完美的比例，也不曾提及摩尔式的拱门和混乱的凉台与西班牙灰色寺院无与伦比的回纹细工美妙的结合。但这些不属于农舍的特色，它们属于更高层次的建筑，较少见于农舍，除非是农舍与其他建筑的结合体。所以我把它们列入街区的元素，而不是单独建筑物的特性。如果不考虑摩尔式的影响，我对意大利农舍的评价也适用于西班牙。这两国建筑的联系很紧密，但意大利受到罗马人品位的影响，西班牙则受到摩尔人新颖奇特创意的影响。如果谈论城堡和宫殿[1]，我将不得不更多地关注西班牙。但若谈论典型的农舍，我宁可选择瑞士和英格兰。在评价当代装饰良好的农舍之前，需要先看看两种对比鲜明的山地农舍的特色。一种总是很美，另一种通常很美。

38. 首先是瑞士。我想起一段惊险又有趣的回忆，是我第一次（也

〔1〕 那一部分未能写成，因为刚写完论别墅的第二部分不久，《建筑学杂志》就停刊了。

瑞士木造农舍

不是在很久前）见到瑞士农舍的情景。那是一处幽谷，因为高大、茂密的松树而幽暗，溪流在岩石间欢唱，我向山顶绿色的平地走去，草地在夏日积雪的映衬下，好像银色底座上的绿宝石。就是在这侏罗山脉〔1〕的幽谷中，我第一次邂逅了平凡而美丽的瑞士农舍的正面。我感到这是我有幸得见的最可爱的建筑物，它本身并不起眼，只是几片长着苔藓的冷杉木随意地钉在一起，屋顶上有一两块灰色的石板，但它的力量在于组合的方式，它的美在于质朴谦逊和恰到好处。

39. 这与现在的建筑师设计的所谓瑞士农舍截然不同。现在英国以此命名的建筑物都有很长的烟囱,内有很多精巧的设计来处理煤烟，不知情的主人还以为是种装饰。屋顶的人字墙有特定的倾角，两端却像牙签。墙上抹着匀称好看的灰泥，外加两面小巧的拱形窗户，红木支架内是红色和黄色的方格玻璃。门前有个小巧的绿色门廊，两端各

〔1〕 侏罗山脉是位于法国和瑞士边境的弧形山脉。东北—西南走向，岩层形成于1.36亿至1.9亿年以前，地质史上称这段时间为侏罗纪。——译注

放着一张小圆桌，桌脚参差不齐，围着几张木椅，坐着也很不舒服，上面还满是甲虫。周围的花园里到处是燧石、烧砖和煤渣，中间的水池里是不喷水的喷泉和不游动的金鱼。还有两三只鸭子，会把水溅到外面来。现在我很遗憾地告知来自体面的英国家庭的成员，如果你们正在这种精巧的环境中受罪，还以为自己是住在瑞士农舍的话，那就是上当受骗了。现在让我们来看看真正的瑞士农舍的特色。

40. 一个瑞士农民的生活分成两部分，夏天他在高山上的牧场[1]看管牲口，冬天他在山谷里最幽远的地方躲避风雪。夏天他只需偶尔遮风挡雨，冬天他需要严寒中的庇护所。于是，山上夏天的农舍只是一个简朴的小木屋，材质是未经加工的松木拼接在一起。屋顶非常平，以免被风吹倒，上面覆盖着一些易碎石材的碎片，压在交叉的木头上。农舍通常建在防护性岩石的后面或是倚着斜坡，可以轻松上到一面的屋顶。这就是瑞士木屋。斜坡上的成排木屋会创造令人愉悦的效果，毫不引人注目（因为总体的色调是灰色），与周围的一切相融，却也不乏活力和个性。

41. 但冬天的住所，也就是瑞士农舍，尽管叫这个名字，却是一件精巧的工艺品。首要的原则当然是强度：从木材的尺寸上也能看出来，接合的方式也很精湛，为的是恰到好处地承重和减压，以应对严峻的考验。屋顶一般很平，夹角通常是 155 度，延伸到农舍墙壁以外 5—7 英尺，以防止窗子被大雪完全堵住。这部分屋檐在下大雪的时候，并不会被压塌，因为下面有结实的木结构在支撑（如图 3）。这样的结构有时会延伸到墙上以巩固自身，这样就把墙面分成了几部分，并通

[1] 我在本书中使用 Alp 一词，是取它的原意，即山地草场，而不是取它的另一个意思，即雪峰。

图 3 瑞士农舍，1837 年。

图 4 阿尔托夫附近的农舍，1835 年。

过奇怪的雕饰来起到装饰作用。瑞士每个行政区的窗户都不一样。乌里州的窗子下方有菱形的木片，算是装饰较多的（如图 4）。门廊的木工比较复杂，也有装饰作用，这在伯恩州最为明显。门总是离开地面 6—7 英尺，有时甚至更高，以免被雪封住。门廊是一道斜线加一道直线，如图 3 和 4 所示。农舍的基座是石材，一般被粉刷过。烟囱会有一章专论。它们是实用和美观相结合的典范。

以上就是瑞士农舍本身的主要特征，现在我要谈谈它对风景的影响。

42. 当一个人在幽谷中独步了一个上午，周围的景观宏伟而静止，活动的一切也与世无争。大自然和谐地展现着她的力量和壮观。在这不朽的荣耀中，只有寂静才是永恒。在这充满力量的广袤郊野之中，忽然看到一块突起的岩石后面，立着一幢异常整洁的不起眼的小房子，不免要惊讶和惬意。那份简洁便是种冒犯：木材总是很干净，好像是刚刚砍下来一般；色彩也很清新，没有加工的痕迹。这尤其令人不快，因为眼睛已经习惯了山景中混杂却好看的色彩和形状。每块石头都有其妙用，上面满是地衣和青苔。松树上也爬满了其他植物，草坡上闪着柔和的光，小巧的叶片轻轻摇摆。这样的对比怎能不令人痛心，一边是如此可爱的景色，一边是农舍毫无生气的松木板。它的弱点值得同情，因为尽管近看很有力量，却没有什么影响力：原木的厚重感被制成木材过程中的切割和雕刻掩盖了，在周围景观强有力的对比之下，显得不值一提而又厚颜无耻、自以为是。它过小的尺寸也让人感觉受到冒犯。它没有如期待中的那样，以自己的渺小增加周围景物的庄严，因为它构不成对比，没法对比完全不相称的事物。如果在这样的环境中见到帕特农神庙、胡夫金字塔或圣彼得大教堂，精神会首先感受到建筑的宏伟，然后对周围笼

瑞士木屋的阳台，1842 年。

罩的一切印象加倍的深刻。建筑不会因此而失色，山岭则会因此而增色。但农舍给人的感觉是山泉都可以击碎的肥皂泡，只会招来鄙夷：它好像是不慎掉在山坡上的儿童玩具，和周围的风景不协调。它不满足于安静地待在角落里，做谦卑与平和的化身，通过不能细看的矫饰来吸引注意力，这些矫饰毫无意义、缺乏联系。

43. 它的缺点就说这么多。我对此尤其不留情面，是因为我总是担心，自己会因为对瑞士国民性的高度欣赏，而对瑞士农舍过度偏爱。

现在来说它的美。无论在哪里出现，它总是带有一种温和纯净的田园牧歌气质[1]。那双雕刻出整齐的板材、修饰出整洁的农舍的手，其主人绝不会是无知懒惰、乏味买醉之徒。人们也会感到，建造这样的农舍，需要坚定的信心与坚毅的努力，才能抵挡住雷电风霜的无情。关于瑞士的田园生活，有许多甜蜜的想象：一桶满满的牛奶，罩住的大玻璃碗，早晨唱歌、晚上跳舞的高山上的牧羊人、泉水边的少女。这些都是瑞士特有的。农舍也是瑞士的特色，别的国家找不到这样的建筑。一看到那突出的门廊，人们就知道这是泰尔（Tell）和温克里德（Winkelried）[2]的故乡。旅人也会感到，如果他是土生土长的瑞士人，那么在其他国家看到一块雕刻的板材，就好像听到了瑞士角笛曲一样。

44. 当一组这样的农舍集合在一起时，便不再显得突兀，而形成了相当的规模，一大片雕刻的窗户和突出的屋顶，构成了颇具特色的景观。一个绝佳的例子是茵特拉肯的伯尔尼村庄。装饰不繁复但有特色，农舍是老房子，未加过多修缮（位于天主教教区），有点破损了，效果却极好。木材受气候的影响，变成了淡褐色，和屋顶的灰色石材以及周围深绿色的松树很是搭配。如果恰好位于幽谷中，四周不见群山只有峭壁，则更为应景。如果它的位置隐蔽不显眼，与周围的一切浑然一体，那就完美了：谦和、美丽、有趣。这样的农舍简直无与伦比：结构精巧、细节优雅、独具特色。

45. 瑞士农舍的装饰并不显眼，形式通常都很简洁，细板条被雕刻成各种有趣的形状，或者刻一排菱形的孔，还会层层叠加以增进立

---

〔1〕 对照《现代画家》第四卷第十一章和第五卷第九章。

〔2〕 威廉·泰尔和阿诺德·冯·温克里德均为中世纪时代瑞士反抗奥地利入侵的民族英雄。——译注

体感。屋顶上没有尖塔，不过有雕饰的檐角有时会突出来。突出墙外的屋顶部分没有装饰，无论横梁还是边缘。乌里州的门廊下面有些是弓形的木梁，如图 4 所示，效果也不错。

46. 关于建筑适应气候与风景这一点，没什么可说的。当我谈及农舍的瑞士特色时，我指的是它独一无二，只能在瑞士见到，可算是地方建筑。尽管它与瑞士那些高级建筑所表现出来的瑞士人的精神气质并无多少联系，但这也是有原因的：瑞士其实没有它独特的气候，而是各种气候的组合，从意大利到极地，从山谷里的葡萄园到雪线以上的峰顶，在这种环境下的瑞士人，不难想见，也无所谓国民性。山谷里那种慵懒的气氛，对于思想的影响是有害的。即使是山区的居民，尽管十分精明，也看不出国民性：他们没有自己的语言，只会说意大利语和不好的德语。没有独特的气质，分辨不出是德意志人还是瑞士人。由于国民性不存在，也就无所谓地方建筑和国民性之间的一致。总体而言，瑞士农舍不能算是品位高雅。但它有时美观大方，常常讨人喜欢，在与之相谐的环境中，可以算是美丽。但它不可效仿，一旦离开了瑞士，便显得不合适。它无法融入周围的环境，因此只能模拟不存在的东西，而不能为已存在的东西增色。我是说，如果谁的地产上有覆盖着落叶松或针叶松的幽谷，内有湍急的溪流，或许可以效仿一下瑞士。但这样的效仿终究是可鄙的，他也不能在其他环境中建造瑞士农舍。接下来讲到的一种改良的农舍，也许有些用处。我希望在下一章中，能够使读者对威斯特摩兰郡的山地农舍，比对瑞士的山地农舍多些欣赏、少些鄙夷。

四 威斯特摩兰郡的山地农舍

47. 当我专注于思考瑞士农舍的特色时，并未想过当人们置身它周围的那种自然环境时，会有哪些期待、欣赏些什么。于是我决定偏题片刻。但我之前那样做，唯一的原因是思考的对象无法满足期待或符合概念。不过现在为了欣赏威斯特摩兰郡的农舍，必须有出色的比较对象。

山景的一大吸引力是幽静。然而，正如静需要动来陪衬，杳无人迹的幽静也不完美。毫无搅扰的话，就连废墟也不够彻底：无人的灶台边至少要有蟋蟀的鸣叫，要有秃鹫从死人中间飞出，必须有幸存者在被蹂躏的村庄的遗址上哀悼，这样才能完整地体现毁灭。令人讨厌的先知只有说出“林神将降临此处”，对于宏伟的城市才是真正的衰落诅咒。废墟作为生命的毁灭，没有一些搅动便不完善，而幽静只是生命的缺失，没有对比也感受不到。那么，透过崎岖的峡谷或雾罩的峰顶，在高大广阔、寂静无声的山峦之外，能够看到人烟密布、精耕细作的平原，才是最好的山景。

48. 如果没有这样的景观，山地农舍的主要用途之一便是增添幽静了，尽管这看起来有点矛盾。由于必须要保持一段距离，才能起到

瑞士农舍

这种效果，我们欣赏它的时候，至少是谈论它的时候，也要包括周围很大一部分空间。这样它旁边就不能有太多树荫，不然就没用了。但如果它正相反地完全暴露在山坡上，那便会有之前提到的瑞士农舍的种种不足，还有另外一个不曾注意到的问题：视野的整体一旦分成了几个部分，便不再完整了。一片风景无论是什么色调，被点分割和被线分割是一样的。明显的一个点，无论出现在它的哪一部分，都会把视野分隔开来，每一部分被单独欣赏，但不可能看到完整时的样子。远处山坡上一幢显著的农舍就有这种严重的后果，这是不能忍受的。

49. 若要趋利避害，农舍最好若隐若现：看起来不像农舍，但知道它是农舍。如果必须近看才能知道它是人类的居所，那它就能很好地起到增进幽静的作用。因为农舍的印象是留在头脑中而不是视觉上。它的色彩必须尽可能接近它坐落的山岗，或其上的岩壁。它的形状在大地上不能太突出，最好像一块大石头一样。按照同样的原则，它的色彩也应该灰暗些，但不要太冷。形式简洁、优雅而谦逊。近看也应该保持着同样的风格。它的一切都应该自然而然，看起来好像是周围环境的影响力太强大，以致任何要检验它们的实力或隐藏它们的行为的艺术上的努力都是徒劳的。对于群山来说，它是不属于这里的孩子，但它必须显得被它们收养和珍视。要达到这种效果，轮廓必须柔和，色彩必须变化。我们将要看到，威斯特摩兰郡的农舍对这些特点把握得极为出色。

50. 山间漫步带来的另一种感觉是谦卑。我对瑞士农舍不满的原因之一，便是“它不满足于安静地待在角落里，做谦卑的化身”。如果它看起来不是那么地自命不凡，便不会引发不满。如果它面对那种具有毁灭性的强大力量，肯屈服和退让，而不是可笑地与之对抗的话，无疑会令人欣慰。这种自命不凡，山地农舍尤其需要避免，它应该谦卑顺从地坐落在山谷中，请求风暴的慈悲和山岗的保护；应该看上去是由于它的柔弱，而非力量，才没有被风暴战胜，或被山岗摧毁。

51. 山地农舍如果没有以上这些主要特征，就不能说是美的，其他特征的好坏要视它们的场景和环境而定。了解这些特征的最佳方式，是仔细地观察一栋建筑物，找最容易看到的就可以。坎伯兰郡和威斯特摩兰郡的山区总的来说由泥板岩和杂砂岩构成，夹杂着成块的燧石[1]（就像斯考费峰的岩石）、斑状绿岩和黑花岗岩。燧石分解得很厉害，有着粗糙棕色的颗粒状表面，显得磨损且有沟痕。泥板岩或杂砂岩由于霜冻的侵袭和急流的冲击，形成不规则的平板。易碎的边缘或多或少被水流冲走了。泥板岩的表面也有些变形，形成了铝矾土，

---

〔1〕 指一种坚硬的火山灰。

上面长满了地衣，原本深灰色的土质具有了从灰白色到暖色调的各种色彩。这些石材是当地农民最方便的建材[1]。他用大块的石头做地基和支点，用小一点的石头填补中间的部分，用水泥做粘合剂，填补缝隙挡住外面的风。但水泥总是不足以保持墙壁的平整。每隔4—6英尺会有一道横板突出墙壁约1英寸，是否为了加固不得而知，但上面总是覆盖着景天之类的植物，十分好看。

52. 门的两边和上面是三块长方形的灰色岩石，并不精雕细刻。窗户两侧的石材则是从碎岩片中精挑细选的，通常平坦光滑，与气候相适宜，如花岗岩或黑花岗岩。窗子小而深，好一点的农舍还有格子，但没有多花蔷薇来装饰。整个农舍看起来很美，但并不耀眼。屋顶比较平，上面盖着与四壁一致的石材，但相对松散。整体用粘土联结，覆盖着石莲花、苔藓和地衣，色彩好看、样式丰富。大一点的农舍屋顶呈直角，若没有植被覆盖在上面加以修饰，未免过于显眼。蕨类植物轻巧的叶片点缀在厚重的景天丛中，屋顶上一般没有窗户。烟囱我后面会讲到。

53. 这便是威斯特摩兰郡农舍的主要特征。“就这些？”也许有人会惊呼：“用手边的材料和最简便的形式建成的小屋，从未考虑建筑之美！”虽然如此，我仍然认为最佳的法则是在每个国家里，用大自然提供的材料和公认的式样建立起来的建筑是最得体的也是最美的。不难看出，这样的农舍非常符合之前所列的完美农舍的必备条件。它的色彩和脚下的大地一致，总体比较灰暗，但也非常丰富，点缀着不同的色彩。逐渐变成黑色的赤褐色，与浅黄色或灰白色的地衣相映成趣。

〔1〕 对照《现代画家》第四卷第八章第十部分同主题的内容。

色彩的混合方式与岩石一致，美感也是一样的：远看就像是一块巨岩，形式的简洁使之更加不显眼。这样的农舍如果坐落在山坡上，会减少单调，带来趣味，但不会把山坡分成两块或者贬低它。谷地农舍的色彩也与周围相一致：阳光透过树叶的缝隙，闪烁在灰色的老房屋顶上，清晰的倒影不会搅扰深潭的宁静。常青藤和凌霄花也许是谷地居民的奢侈品，它们看上去与众不同，优雅随意地攀援在无数的裂缝中。岩石、湖泊和草地仿佛对农舍有种兄弟情谊，大自然似乎待它们都一样。

54. 再看看它那柔和的轮廓。从底部到屋顶看不到一条直线，要么弯曲，要么断开。墙上的每一块石头都大有文章。由于矿物本身的特征，直径 3 英尺的石材，在不规则的裂纹和风化作用下，看起来就像是同样材质的 6000 英尺高山顶部的石头一样[1]。所以我们的目光会不知不觉地停留在每一条裂纹和缝隙上欣赏它们。虽然我们不知道上面的燧石看起来和斯考费峰顶的一样，板岩和赫尔维林峰顶一样，但它们看起来仍然不同寻常。我们会仔细端详粗糙屋顶上的每一条曲线、松弛墙壁上的每一处凹陷，感到这是无与伦比、鬼斧神工般的杰作，它其实非常完美，只因为到处都是而不显眼。

55. 山景主要的特点是优雅随意，这分参差不齐和随遇而安尤其令人愉快。野生的植物、天然的河流、不规则的土地、形态各异的山丘，置身这样的环境，人们不想见到整洁的墙壁、笔直的屋顶，在农舍的石头以及悬崖峭壁上，寻觅的不是人工的雕琢，而是上帝之手的痕迹。不修边幅的另一个好处是严肃：毫不浮夸、毫无装饰、自然而然。外表的一切都是天然的，不是农民种上的，而是风儿带来的。没有鲜艳

〔1〕 对照《现代画家》第四卷第 18 章第 7 节。

的色彩或鲜明的整洁，没有绿色的百叶窗或其他讨厌的东西：一切都平和、安静、严肃，好似哲学家的心灵，又略带忧郁。农舍看上去很老，也经过了很多考验。风雪、暴雨和山洪不曾击垮它，它仍然安静稳健地矗立在那里，尽管衰落的迹象已经通过缝隙中的苔藓和地衣显示出来。这种庄重略带忧郁的气质是其美感的灵魂。

56. 最后要说的是它的谦卑。之前曾说这是优点，现在则显得十全十美。农舍尽量让自己不引人注目。尽管我曾给予它许多褒奖，它的美仍然朴素如路边的石头。它小而简单，低调不起眼，有时根本看不到它。人们一旦发觉这么普通的东西能够如此耐用，往往又惊又喜。它也不显得脆弱：它很结实，尽管有些粗糙。人们也就不用为它担心，因为它的谦卑似乎削弱了周围环境的严酷。

57. 这就是威斯特摩兰郡的山地农舍，多少代表了英格兰和威尔士的山地农舍。我沉浸在对柯克斯顿附近一处幽谷的愉快回忆中，它远离公路，游客知之甚少，也就免于进步的灾难[1]。对于我来说，当地的农舍称得上完美。但我认为这样的感觉是由于其周围看似无关紧要的环境所致，而不是农舍本身建筑设计的出彩。当地居民颇为贫困，可以看出自居所建成以后就从未修缮，也从未剥落墙壁或屋顶上的苔藓蕨草，整座房子都因经年繁茂的植被呈现绿色。幽静的山谷窄而深，覆盖着让人心生敬意的树木，树干中间露出的灰色农舍，显示出不可企及的完美，当然我也相信，在不列颠的很多山区，其他的农舍也同样品位不凡。

58. 我欣喜地感到，尽管我国的高地景观稍逊庄严，细处却很精妙，

---

〔1〕 它大概位于乔特拜，已经六十年没有变化了。

图 6. 英格兰海拔最高的住宅

当地的建筑也得体地与之一致,这在其他的地方找不到,原因显而易见。欧洲大陆上的居民，比之英伦三岛，精神世界更为深刻敏锐。他们有更高的抱负、更纯粹的激情、更远大的梦想、更强烈的愤慨。但他们较不温文尔雅、简洁平和，也较少体会到日常生活中安详的幸福、家庭的和睦、谦逊的快乐。于是在上层建筑中，我们的作品无法像他们的一样宏伟崇高、使人印象深刻。以后我们还会看到，一旦我们离开低谷，来到沟壑；离开小丘，来到断崖，虽然欧陆上的建筑师不会用谦逊的屋顶装饰牧场，他们却可以在峭壁上建起永恒的城堡[1]。他们虽不能保持风景的平和，却可以增加它的恐怖。我们已经看到，法国和意大利的低地农舍，高雅且略带忧郁或威严，这证明了建筑师的成功，以及他的工作的完善。但现在最需要的是温和谦卑，这是欧陆建筑师所无法给予的：这有悖于他的本性，甚至有违他的信仰。灵魂即

〔1〕 此处也涉及未写出的后续部分内容。

使在最安宁的时刻也体会不到这种感觉，因为欧式的墓志铭多愁善感，墓碑也浮华花哨。

59. 对于海外那些刻意的修饰和夸张的建筑风格，我们已经见怪不怪，尽管它们搅扰了更为平和的山景。我们更习惯家乡同样的景色下，建筑所体现出的恰到好处。海外建筑的失策源于某种精神上的缺陷，而另一种缺陷却防止了类似的失策在此间产生。坎伯兰郡的山民修养有限，也就谈不上品位，不知建筑为何物。他从不考虑何谓正确或美感，但他修建的屋子绝对符合他的需要，并且一切从简：为了让建筑适应他的生活，他令它谦卑。通过就地取材，使得它适应周围的环境。这些就足够了，也不能说是他满足了要求，因为他一旦开始考虑效果，就不免要犯粉刷房子的错误，坎伯兰郡的农舍会因此而大煞风景，幸亏山区的风雨使之不可能那么做。

60. 关于我国的山地居所就说这么多。通过考察五种类型的农舍，已经覆盖到了所有重要或值得考虑的原则，我将不会再花时间关注某一类建筑。但在农舍的部分完结前，还需注意一下建筑的一个部分，之前我在谈论各类建筑时，有意没有提及，为的是便于比较。这个部分格外重要，无论宫殿还是农舍都不可或缺，从帕迪卡斯从他的马其顿主人那里收到日光作为礼物的时候[1]，就是如此了。然后我会用一

---

〔1〕 凭记忆引用自希罗多德《历史》8:137。故事中三兄弟为马其顿的一个小国王担任侍从，当时的王后亲自给他们做饭。毕竟是在古老的年代，她注意到最小的弟弟帕迪卡斯的那一份总是会自动膨胀到原来的三倍，国王视此为少年将来必有鸿运的预兆，于是遣散了他们。他们要求付工资。“国王一听要讨薪——正好日光透过烟囱照到屋子里——他说（大概是上帝使他铁了心）‘这就是你们的工资，你们应得的和你们能得的’，然后指着日光。两个哥哥听了都目瞪口呆，但那恰好随身带着刀的少年说道：‘我们接受陛下的礼物。’他用刀在地上的光影周围刻了一圈，把三倍的光线放进衣服

小段对现代农舍的综述作为结语，进一步阐释从威斯特摩兰郡美观的建筑中总结的原则。我们必须记住，他们胜过瑞士人的秘诀是更自然，而不是更用力。

1838 年 1 月于牛津

的皱褶里”——用现在的话说是衣兜——“径直走开了。”他最终成为了马其顿的国王和亚历山大大帝的祖先。

五　关于烟囱

61. 从上一章所附的希罗多德的记述中可以看出，曾经在最开化的国度里，即使是国王的宫殿，也没有任何类似烟囱帽的东西。王后或公主亲手准备宴席的时候，灶台上饭菜的香味就从平直屋顶上的一个洞直接散发出去。如今人们对烟雾有了更多的尊重，它通过哥特式塔状或托斯卡纳柱状的烟囱，被舒适便利地排出室外。现在来看看这么做值不值。

62. 我们在上一章提出，没有一丝波动的寂静并不完美。这意味着除非看到可能发出声音的东西，否则便感受不到静默。比如说，庄重平静地流淌着的河水、天空中紫色的云彩、枝头寂静的树叶，反而会增加夏夜的沉静。要达到理想的效果，动作虽说不一定慢，但一定要有一致性。威尼斯黄金水道的一大特点，便是贡多拉敏捷但和谐的移动，增加了其四周的宁静。没有哪种运动在整齐、安静或美观方面能比得过烟雾的散逸。我们若希望风景的平和宁静能使人印象深刻，就很需要关注一下它。

63. 农舍是与平和景色相宜的建筑，烟囱作为引人注目的重要附件，如果处理得当，可为建筑增色。但对高档建筑而言，烟雾就不那

贡多拉

么有趣了。由于烟雾较轻，它被排放到空中而不是地面，灰蓝色的光泽也消失了——如果在树中间或是远处的田野上，这样的色彩真是格外美丽——而呈现出浑浊的黄褐色。它的运动不再有意义，因为没有寂静来陪衬了，建筑本身的特征，使寂静不再可能。最后，它引发的联想也不再体面，我们也许会想到温馨的家庭生活，但也可能会想到厨房、肉叉和羊肩。这些联想对高档建筑及其社区来说，显得不太合适。一旦烟雾不受欢迎，烟囱最好也不要惹人注意。出于两大重要原因，装饰过的烟囱，无论何种风格尺寸，都极为不雅：第一，如果烟雾很美，那就用不着装饰；第二，如果烟雾很丑，装饰就会使人们注意到这一点。

64. 不幸的是，一些建筑师中间流行着这样的观点，认为不好看的东西可以用繁复的装饰来修正或掩盖。真是何其荒谬。丑陋之物毋

万灵学院

须装饰，尽量避免引人注目，这应该是一条基本原则。科隆的所谓东方三博士头骨底座是金的，眼睛是钻石的，这比单纯的棕色骨头要可怕一千倍。[1]类似的错误不应该发生在建筑上。如果建筑物的某一部分令人不快，不要管它，不要修饰它，就让它悄然发挥功用。不被注意，不引发反感。要是这一原则在牛津一些公共建筑的整修过程中，被给予充分的重视就好了。就拿万灵学院[2]来说，建筑师把他的烟囱设计

〔1〕 中世纪时代，一些有名的教堂为了提高自身的地位和影响力，争相收藏各类真假难辨的圣物。科隆大教堂声称保存有传说中耶稣诞生时，跟随星相从东方赶来耶路撒冷贺喜的三位学者或祭司的遗骨。——译注

〔2〕 牛津万灵学院由英王亨利六世于1438年为纪念英法百年战争中死难战士所建。学院主要是研究而非教学机构。——译注

得有房子的一半那么高，还加了哥特式的装饰。首先映入眼帘的是烛台般的镀金石柱，其上是精雕细刻的拱棱，在愉快和兴奋中，最后必然要看到的却是红色的烟囱帽。这样的建筑师完全可能在运煤码头的入口建哥特式走廊。一个能把哥特式三叶拱用来装饰烟囱的人，无疑对于三叶拱的美观和用途都毫无概念，也不配做建筑师。

65. 若烟囱不能加以装饰（它们又是不可缺少的组成部分），就需要知道能对它们做些什么。我们在农舍部分讨论这一点，因为这样最合适。当且仅当烟雾在农舍附近的时候，才可以被注意到。

但很难无拘无束地思考何为理想的烟囱。尽管我们可以做出各种想象，但直到房子建成才能确定。我们可能希望烟囱短一些，却发现它必须足够长才能冒烟。我们也可能希望它有所遮蔽，却发现必须完全敞开才能运转。这样一来便不能只有一种模型，通过观察各国的烟囱，我们也许能从中总结一些在各种环境下都适用的原则。

66. 首先来看看人们的精神世界。在南国我们较难找到绝佳的烟囱，意大利人和西班牙人不了解烟囱的用途，确切地说，他们虽有烟囱，但一年只有五天生火，木材冒的烟不多，对烟囱要求也不高。他们对壁炉架、围炉夜话、温暖的平安夜也缺乏概念。因此我们完全可以断言，他们的烟囱没有灵魂。这些烟囱一看就经验不足，像那些手足无措、笨手笨脚的人一样，它们也不明白自己的功能。但在可爱而又多煤的英格兰，我们可以自夸了解火和烟，因为总是见到它们。我国人民性情温和且喜爱壁炉，据此不难推断出在烟囱建造的美观和实用两方面都臻于完美。现在来验证一下我们的期待。

67. 图 7 中的 a、b 和 c 是英国烟囱。它们以直截了当的外观和自然真挚的气质明显区别于其他烟囱，看到它们，我们会感到无尽的乐

图 7 烟囱

趣和启迪，尤其是与其他烟囱作为对比，显得后者花招太多。图 7 中的 a 是兰开夏郡北部和坎伯兰郡的烟囱，不难看出它只能建在屋顶的边缘，并且需要弯曲的烟道。材质是未加工的石头，就和威斯特摩兰郡的农舍一样。从顶部可以看出，烟道不足烟囱的三分之一宽，和边缘的四块石板差不多高，烟囱整体看起来很轻便。将顶部用纸遮上，可以看到其余的部分很结实。屋顶突出的石头从烟囱的中间延伸出去，由墙壁上两块较大的石头支撑。这是专门的农舍烟囱，不宜使用加工过的材料。它一定要粗糙、有苔藓、破损，但它无疑是这些烟囱中最好的。它简洁实用，没有多余的部分。它调节了所属墙壁的单调，恰到好处地伸出了屋顶，极为得体地释放了烟雾。

68. b 类烟囱在整个英格兰北部很常见。在我看来，它适合各种类型的风，可以被安置在屋顶的任何部分。它也很粗糙，顶部的石头松散，有时就是一大块石板，由四块石头支撑，罩在烟道上面，烟囱怡然轻便地立在屋脊上。单独来看，它的比例并不匀称。不过，由于它和位于屋顶边缘的长烟囱（如图a）伸出屋顶的部分一样高，就这样也不错，再高就不好看了。顶部通常被烟熏得较黑，和下面的空洞倒也相得益彰。

69.c是上一章谈论的威斯特摩兰郡农舍的烟囱。建筑的其他部分所体现出的良好品位，在烟囱这里并不明显，因为建筑师开始考虑外观而非用途，并在正面加上一片菱形的装饰（通常包括房屋建造的日期），这有些多余，看着也不协调。他也努力要让烟囱显得整洁，在表层涂了很多灰泥，但周围的环境常会恶化其效果。我们从来不喜欢圆柱形的烟囱，也许是因为它令我们想到暖房和工厂，也没有其他的原因了。然而这一个倒还能接受，似乎不是圆柱形反而不好看。有时方形的部分会成为整个农舍的正面，看上去就像是灰色的塔楼，感觉一点不像烟囱。这样的设计很有风险，尽管有时效果不错，如科尼斯顿湖畔历史悠久的科尼斯顿堂，得益于其c类烟囱的尺寸与形状，从远处看优美如画。

70.关于适合高档建筑的英式烟囱，没有很好的例子。庄严的领主宅邸那种老式的红砖烟囱很有英国味道，如果建筑本身也是红砖筑就，便很协调。p就是这类烟囱：它本身并无特别之处，在英格兰到处都是。但我们把它放在q旁边，来展示同样的形状和理念应用在不同的国家时，会有哪些变化。两者的设计是相同的，比例也差不多。但一个是烟囱，另一个是一种不足取的建筑类型。q属于瑞士，带有前面所列的瑞士农舍的全部缺点。它是对于大型建筑的拙劣仿效，类似于意大利农舍精雕细刻的方塔。石头虽然经过了雕琢，但仍然很可恶。p类则相反，它非常适用，一点不矫揉造作。如果用石材，则会面目

图 8. 从布兰伍德别墅附近的湖边看科尼斯顿堂（1837 年）。

全非，因为砖结构能使人立刻确定建筑本身的尺寸，不会产生可能是拱顶或柱廊的错觉，石材就很容易造成这种效果。于是我们仍然没有找到适合高档建筑的烟囱。

71.d 是荷兰烟囱，e 和 f 是德式的。d 属于梅赫伦一栋老式的哥特式建筑，也是将建筑其他部分的形状应用到烟囱上的绝佳范例，而且并不做作。它是简洁的石刻，在屋顶上异军突起，自己也有顶。尖顶的拱廊奠定了它的气质，也使得它与建筑的其他部分保持一致，不会过于引人注目。如果不特意寻找烟囱的话，我们根本注意不到它的存在。

72.e 也是石材烟囱，如果建筑本身花样繁多或样貌奇特，会是很好的烟囱，原因也很简单，它一看就是烟囱，而且轮廓优雅。f 尽管总的来说很难看，但可以适用于简洁烟囱会显得过分突出的情况下。然而 e 和 f 明显是缺乏品位的民族的拙劣创作：既失掉了 a 的那份简洁，又无法拥有 l 和 o 的优雅与灵气。它们果然是德式的。

73.h 到 m 都是西班牙式，其独特之处使得在该国之外使用它们成为了不可能。但它们也不属于修饰过的烟囱，每一个都毫无装饰。有的只是形式的不同，却又无可指责，因为它们必须与自己立于其上的建筑本身的风格保持一致。这里我们可以看到，只说这么一次，建筑的气质可以由形式或装饰赋予，如果后者不适用，形式就可以多变些，因为排斥装饰的那种谦卑，也排斥简洁的形式〔1〕。我们不必对夸张的烟囱不满，只要它们与建筑整体相协调且不抢眼就可以。

74. 根据这一原则，h 是非常好的烟囱。它优雅自然，奇特的形状正适合它周围的建筑。它们在科尔多瓦省〔2〕。

观察 k 和 l 的时候，要想到它们是矗立在南国的碧空下，缝隙中透出的是一片蔚蓝，除非是偶尔冒出的一缕轻烟。它们铺砖的顶部在洁白的表面投下长长的阴影，而它们本身也没有扰乱周围莫里斯科式〔3〕拱廊和造型奇特的住宅带给人的整体感受，遗憾的是它们的底部被迫中断了。

75.g、n、o 是意大利式的。选 g 是因为它在意大利的现代建筑中

〔1〕 气质的提升正如我们在意大利农舍所见，依赖于形式的简洁。

〔2〕 科尔多瓦省位于西班牙南部，建筑风格受北非伊斯兰文明影响较大，多处建筑被列入世界遗产名录。——译注

〔3〕 莫里斯科式建筑来自伊比利亚半岛上由伊斯兰教改宗基督教的北非裔居民，他们统称莫里斯科人。——译注

很常见。n 和 o 几乎是旧式威尼斯宫殿仅有的两种烟囱（其风格部分来自突厥人，部分来自摩尔人）。n 的弧线与屋顶本身的曲线十分协调，它的微小也令它所属的大型建筑的简洁形式完全不致被扰乱。o 看起来总是一身洁白的威尼斯大理石，屹立在天空下。但它太高大，吸引了过多的注意力，在所有的河岸都很明显。

76.q、r、s 是瑞士烟囱。r 是一大类装饰过的烟囱的一种，多见于东北部的行政区。它从来就不大，通常也不会故作庄重，在仔细地观察瑞士农舍的时候，才会被注意到。它常比想象的要好看，但也不该被效仿。这类烟囱通常是锥体，但具体形式各异。

s 是东部行政区很常见的烟囱，它的原理不太清楚。倾斜的部分下面有合叶，使它能够像一顶帽子一样盖在烟囱上。烟囱全身覆盖着木质鳞片。这种烟囱有时和山区农舍杂乱的木椽看起来很般配，但它过于不同寻常，不能说是有品位。

77. 现在看来，在我们关注的十八种烟囱中，尽管其中几种颇具特色，有一两种还很优雅，但只有两种适合效仿。其中一种是专门的农舍烟囱。这值得注意，并可佐证如下观点：

首先，我们一开始就已讲明，引人注目的烟囱（如果这些烟囱不引人注目的话，我们也不会描摹它们）很少值得效仿。很少有建筑需要不同寻常的烟囱，装饰过的烟囱简直不可容忍。建筑师应该牢记，尺寸得当、式样不突出的烟囱是最好的。

78. 其次，要做到不显著，需要的不是采用简洁的模型，而是应该格外注意烟囱的形状与所属建筑不违和，色彩对比也不鲜明。这样看来，h 到 m 型烟囱如果形式更加简洁，在它们所属的环境中反而更加引人注目，那样它们就会打乱周围建筑的繁复感。d 类竖立在旧式的哥特窗户上方，如果不和下方的线型一致，一定会被立刻注意到。n的式样努力模仿下面的屋顶，但我们绝不能仿效这类烟囱，因为它们只有在符合其他细部的时候，才是好的类型。如果做不到这一点，便会令人厌恶。我们所总结出的设计原则是：我们要求好烟囱具有所属建筑的气质，但不故作庄重；具备所属建筑的轮廓，但不加以装饰。

79. 这样的要求无疑很难达到，结果是绝大部分城市或建筑的烟囱都令人反感。我们因此不能忽视基于英国特色的理想类型。十八种烟囱中，只有两种适合效仿，它们都是英式的。但我们不会就此推翻之前的结论，即英格兰缺乏品位。但我们会视之为符合目的就是美的这一原则的又一个佐证。英国人的缺乏品位也体现在屋顶和烟囱上，即使在最为古老质朴、不曾刷灰泥的街道上，本应与屋顶结构相一致的烟囱，也成为深红色或黑色的一团，突兀而又显眼，配上头顶的烟雾，简直像是黑色的小鬼，旁边还有狐狸和公鸡转来转去。一切平静都被打破，一切尊贵消失殆尽，如画景色无影无踪，美好想象就此终止，剩下的唯一念头是扫烟囱。

80. 另一方面，尽管欧陆建筑师对于烟囱并无类似实用即美观的理念，他们仍然通过将烟囱向建筑的风格靠拢，或者隐藏起来，展示了他们一贯的良好品位。无论是古怪的德式建筑、繁复的西班牙建筑，抑或是古典的意大利建筑，其间的烟囱都不突出。它们要么巩固了建筑本身的特性、打破了屋顶的单调，要么完全不引人注目、悄无声息地排烟散雾。

81. 关于如何让烟囱达到理想的效果，没有法则可言，因为关键在于把握尺寸和线型，这一点对于建筑师来说，如果不是一种天赋，便要通过长期的实践和紧密的观察才能获得。它要求一种英国建筑师通常没有的能力，即在违背中求得一致，更别说舒适了。当然我们可以举出一些烟囱顺应建筑风格的例子，但本章已经超过了它应有的长度，我们将留到街道景观的部分再作讨论。关于烟囱的部分，恐怕我们所说的只够描述而非消除设计它的难度，但我们认为所推导出的总体原则如能被认真执行，总有一定的用处，即使不能出彩，至少不会出错。

1838 年 2 月 10 日于牛津

六　结论

“自然所说的，也是智慧所说的。”

——《尤维纳利斯》14:321[1]

82. 现在只需要总结农舍部分了，就现代建筑如何修饰或丰富自然景观来略谈几句。

我们认为，农舍只在三种情况下可以纳入建筑学或美学的范畴，毕竟，它通常是由农民按照自己的喜好建造的，而在这三种情形下，常有不错的品位。

83.（1）一位贵族或富人亲自监督其仆从住所的建造。（2）装饰性的夏日住宅或拙劣仿制的小屋作为某处被主人尽情糟蹋过的景观的附属点缀，只为满足他的个人喜好。（3）地主对佃农的住所施加一些影响，或改善附近的村庄，使得新的建筑符合他的要求。

84. 第一种情况没什么可说的。仆人的居所一般附属于主人的，可被视为后者的一部分。门房的建筑风格也为主体结构所决定，英国的门房普遍建得不错，与大门相一致，增强了入口处的效果。

第二种情况本身是一种粗俗的行为，也就毋须考虑最恰当的策略。

针对第三种情况，我们认为可以应用之前总结出来的一些原理。

〔1〕 尤维纳利斯，约公元60—140年，古罗马讽刺诗人。本句原文为拉丁文。——译注

85. 所有的建筑都应该放在周围的环境中去考察，而风景可以分为四大类。

它们是绿色的林地、蓝色的耕地、灰色的野地和褐色的山地。

（1）绿色的林地。这意味着它是猎苑、牧场和混交林的结合体，气候温和，产权稳定但并未产业化（或只生产家具木材），是富贵人家的花园。其他国家里类似的景色都比不上英格兰。在别的地方我们会看到茂密的黑森林，但见不到英格兰较丰饶的猎苑中洒满阳光的林间空地、多种多样的树叶和带露珠的草地。林地的轮廓总是波涛汹涌、广袤厚重：无法见到幽远的蓝天，除非是从高处。即便在高处，注意力也被附近大片的林地吸引过去了。树荫下的地表很凉爽，植被也很繁茂。于是除了落叶的几天，主色调都是鲜绿色。林地的典型是在列文治山上看到的景色。

86. 首先思考一下这种绿色风景引发的感受。为此要看到，恒久不变之物给我们的体会是属于未来而非过去的持续的存在感。但易变可朽之物，如果年事已高，给我们的则是古旧感，虽然不是稳定感。例如一座山（不是地质学上的山，就是一般看到的山，因为峭壁上的沟壑就如前额上的皱纹一般显老）看起来似乎永远不变，我们不会想到它过去的样子，也看不到岁月对它的影响。我们不会觉得它很老，因为它不会死。它是没有感觉也不会衰老的庞然大物，仔细想来，我们会发觉尽管它已经存在了很久，我们却感觉不到这一点，或者说我们无法得知它诞生的时间，也就无从知晓或感觉出它的年龄。但林中的一棵老树则和我们一样不能逃脱自然的规律：它是有机体，会逐渐走向死亡。它的年龄写在枝头。因为知道它和我们一样难逃衰老和死亡，我们会认为它也有感觉、有机能，以及最重要的一点，有记忆：它总在向我们叙述往事，从不指点未来。我们好像是面对着和我们一样有所知有所感的生命，尽管它的年龄是我们的十倍，因此给我们的感觉也总是古旧的。所以说村镇的废墟给我们以古迹感，建造它的石头则不会，因为后者显示不出它们的年龄。

87. 既然如此，林地引发的主要感觉无疑是对其古意的敬重。老树的衰亡未免令人忧郁，小树的鲜活也加剧了这种感觉。林中路的高雅形态、交错枝干的缝隙中洒落下来的阳光，合在一起加强了这种效果。这种景色的整体特征正是要引发稳健感。在森林里还能做激进分子的人，简直是非人。

88. 这种混杂着忧郁和敬意的感觉是现代农舍必须要尊重的。农舍的细部可以花哨或繁复，前者可以让它看起来像老式住宅，后者可以模仿周围交缠的枝叶，但它一定不能干净整洁或色彩鲜艳，看起来越老旧越好。

外观上也可以有几分奇异，因为在阴暗模糊的森林里，想象力自然较为丰富，仿佛有无数大小形状各异的精灵出没在小径上或在树丛中轻笑，看到它们隐现在装饰的板条上或者木椽的顶端，也不会觉得不快。

89. 了解到这些特征，并以此为目的之后，剩下的就是技术问题了。

外观。从要建农舍的地方附近选一组最常见的、长成的树木。顶部肯定是圆形的一团。在它的曲线上选取三个关键点：即最高点以及与周围一团团的树木相交的两个点。通过三点画一个圆，经过两个较低点画一条直线，直线以上的部分，其顶角值就是农舍屋顶的角度。（当然我们没有考虑室内的便利：建筑师必须首先确立自己的美学模式，然后尽可能地趋近它。）这样的角度一般是钝角，这也是瑞士农舍在胡杨林或栗树林中总是很美丽的原因之一，因为它屋顶的钝角是最合适的角度。对于松树，不能根据树的外形来确定角度，而应该依据枝干的倾角。建筑本身应该低而长，以便如果可能的话，它不会被一览无余，而是部分掩藏在树干或枝叶中。

90. 色彩。木材本身的色彩就很好。使用附近树木的木材就更好了，但木材不应有多少加工，从而允许它们打上气候的印迹。冷色调和绿色彩不协调，所以石板屋顶并不好，除非像威斯特摩兰郡的农舍一样，灰色的屋顶上覆盖着暖色调的地衣，可以适合任何环境。还是茅屋顶好一些。如果不用木材，墙壁可以使用任何带有安静的暖色调的建材。白墙如果在树荫下，有时会显得不错。但若在 200 码（约为 180 米）以外还很显眼，便会煞风景了。总体而言，正如我们之前所见，林中建筑的细部可以花哨，但若建在林地附近的草地上，就必须简洁了。

91.（2）蓝色的耕地。这是丰饶的平原，大树点缀其间，主要用来耕种。只要稍微登高，我们就能看到蓝色的远方，与前景中的玉米地或犁过的耕地对比鲜明。英格兰的土地大部分是这样，以马尔文山（位于英格兰和威尔士的交界处）上看到的景观较为典型。这样的地方一切都在变化，一年生的庄稼没有它前身的影子。一切都很活泼、繁荣、实用，没有想象的空间。没有朦胧、没有诗意、没有混乱，风景的色彩鲜艳而又多变。无论人烟还是牲畜都很密集。这里农舍的气质必须是愉悦，色彩也可以生动一些，白色总是很好，甚至红瓦也可以，红砖也没问题。整洁是无害的，屋顶可以是锐角，窗户闪闪发亮，红玫瑰盛开着。但不能装饰过度，它必须一看就是为平常的生活而打造，拥有精明务实的气质。外房、猪圈和茅厕也应显露在外：后者也可以很好看，干草可以用叉子编成穗状，就像瑞士人那样。

92.（3）灰色的野地。“野地”一词不是很恰当。我们指的是宽广无遮拦、也不生树木的高低起伏的土地，不管是不是耕地。法国北方的很大一部分，尽管精耕细作，仍属于灰色的土地。其间偶现的单调树林无损这一特征。这里的建筑可以大气一些，但农舍的色彩不可鲜艳，不然三英里外都会引人注目，风景也会被打上污点。白色很好，显得庄重。屋顶上石板和茅草都可以。其余的部分我们只需参考对法国农舍的点评。

93. 最后是褐色的山地。这里我们如果只看英格兰的农舍，之前对于威斯特摩兰郡农舍的评价便已足够。但如果我们来到更为复杂多变的山区，就会发现每条山脉都彼此不同，农舍的风格也应随之改变。然而总的原则是一致的，也用不着给出更多的原则。然而在山地会出现另外一个问题，当地表崎岖不平的时候，选址需要格外慎重。比选址更有难度的是确定合适的建筑模式，使之不显做作。但在讨论这一点前，必须先列出一些布局的原则，它们的适用范围不止是农舍。我们要到考察建筑群的时候，才能得出结论。

94. 以上就是乡村建筑的地形分类。但存在中间情况，农舍的形式也可以随之调整。有些地方尽管总的来说属于某一种地形，却由于其特殊的气候或环境，而具有非常不同的特征，这种情形也很常见。例如，意大利属于蓝色地区。但它和英国的蓝色地区一点也不像。我们对于林地格外注意，首先是因为我们在之前的章节没有考察林中农舍。其次是因为在这些地区业主对其产业的影响超过了人口密集的耕作区。英国猎苑的风景尽管精致美丽，但由于缺乏管理，有时还是有点单调。

95. 现在要告别农舍以及谦逊的自然景观了。我们有几分遗憾，不是因为我们喜欢农舍里的生活，也不是因为我们喜欢灰泥胜过大理石，冷杉木胜过红木。而是因为我们要离开地球上最美的风景，它充满着蜜蜂般的谦卑，平和而又安详，拥有地球形成之初的那分宁静。我们要去看更高一级的建筑，它与周围环境的联系少一些，与其居住者气质的联系则多一些。自然的感觉会少一些，人类的感情会多一些。我们将由静到动，离开隐居地，来到人群中，从原野到世间。

第二部分　别墅

The Villa

一 科莫湖的山庄别墅

96. 在所有艺术或科学中，要确定群组的审美标准，我们必须先分别确定组成它的各部分的审美标准。目前需要的是先看看那些孤立的建筑，再进入村庄和城市。这种考察事物的模式在感觉上也比较愉快，因为从较高档次的孤立建筑到建筑群，不像从自然的安宁到人群的喧闹那么突然和惊人。

我们已经考察过了乡下的农舍，下一个要考察的是乡下的绅士住宅。像以前一样，我们先来确定美的标准，再看看具体的建筑有多符合，但还有些准备工作要做。

97. 与受过良好教育的有识之士相比，农民的民族性更强一些。因为国民性很大程度上基于青少年时代的感觉和成见，如果一直停留在一个地方，观念便会根深蒂固。理念被当地的风俗所塑造，社交圈子也是由习惯和感觉相近的人们组成的。然而当精神进入了更广阔的天地，由思考而非习惯来引导，把之前受周围环境和先入之见所限的看法放到一边，而用对人类各种性格、观念和习俗冷静思考得出的哲学结论来替代它们的时候，原有的观念便会逐渐弱化甚至消失。在有教养的头脑中，对祖国的热爱不亚于从前，但带有民族性的思考模式会从受过训练的才智中消失。

98. 由于建筑风格主要受思维方式影响，我们会发现设计师越有品位，建筑的民族性就越弱。因为建筑师会努力寻求最佳模式，而不会被束缚身心的固有观念所左右。这样他将始终面临着脱离风景和气候的危险，在追求理想形式的过程中忽略了自然之美。如果建筑师缺乏普遍的观念，他反而不会犯这样的错误，因为他的成见总会与制造成见的环境保持一致，就像琴弦上奏出的音符。这样我们便不会吃惊于有些建筑的设计风格显示了很好的天赋和很高的品位，其与周围环境和气候的不协调却令我们不快。这也解释了有时候农舍带锁的门，比宫殿的柱廊更能让我们感到快乐和启迪。

99. 同样，人在寻求愉悦和放松的时候，比处在日常生活中较为强烈的感受中时更缺乏民族性。原因初看起来也许令人费解，但稍加思索便会明了。亚里士多德对于愉悦的定义大概是有史以来最好的，即“一种运动，是突然感觉到灵魂进入它的本真状态”。类似于矿物质的分子自由地按照它的本质来结晶。这里的“本真状态”，不是民族的习性，而是人类灵魂的共性。这种性情被积极行动的感觉所掩盖，因为那些感觉多少取决于个人或民族特有的气质或成见。而一切人所追求的愉悦也多少驱走了积极行动的感觉，而回到人所共有的安宁不变的性情中去。

100. 这样我们便会发现，当人处在商业、宗教、战争或野心之中时，充满了民族性，但在轻松状态下显示出来的天性是彼此一致的。例如一个土耳其人和一个英国农民，晚间叼着烟斗的时候，区别只在于一个含着琥珀，另一个则是封蜡。一个顶着穆斯林头巾，另一个是睡帽。他们的感觉是一样的，意图和目的也是一样的。但一个苏丹骑兵和一名英国弹兵在思维方式、感觉和行为上则大相径庭。他们都很具民族性。同样，提洛尔（奥地利西南部的一个州）晚舞尽管在服饰、舞步和音乐上都与巴黎咖啡馆里跳的舞不同，但感觉是一样的。但在提洛尔人的宗教场所，他们表现出来的虔诚以及美丽却迷信的礼拜则和圣母院的弥撒带给人的感受非常不同。这例子的直接结论是教堂或城堡，或者其他致力于积极生活的建筑物更具民族性，但别墅这种专门用于休息放松的建筑物则很少拥有民族性。我们将不得不出发寻找那些感觉和想象都很丰富的国家，不然我们将在用于消遣的建筑物和国民性之间找不到多少联系。

101. 比如在我国，就缺乏这种联系。从温德米尔湖的顶端沿岸而下大概六英里，可以见到六座著名的绅士之家，可以算是别墅。第一个是白色的方形建筑，用无序的半露柱装饰着，好像要从林荫道滑向水里。第二个可能是想模仿瑞士的建筑风格，人字墙的两侧显得很尖，角落里有木雕花，矗立在小土堆上，四壁是石板墙，闪着黄铁矿的光芒。第三个是深蓝色的盒子，周围是散乱的落叶松，前面还有个小池塘。第四个是冰淇淋色，周围是大片的猎苑，非常安静自然，是这四个中最好的一个，尽管也好不到哪里去。第五个是老式建筑，很传统，窗户很窄，气质忧郁宁静，不便贬损。第六个难以形容，浅灰色的圆形建筑，顶着铅灰色的圆顶。

102. 但如果我们去的不是温德米尔湖，而是在科莫湖沿岸漫步，我们便会发现一些民族特色。等我们回到英格兰的时候，会更有资本去评价它的大型建筑。我们首先关注山庄别墅是出于两个原因。和其他地方的别墅相比，它的外观更为重要；由于很难达到理想效果，要克服的困难也就更多。南下之前，再说一句。尽管我们之前看到，绅士比农民更少民族性，他的个性特征却更为明显，特别是在高雅的事

科莫湖

情上，因为这些只能通过教育来培养。于是，如果别墅的主人参与了建设过程，我们大概能看到一些个人的东西，这是最值得注意的。但目前我们不谈这个话题，希望以后能写些专论欧洲贵族住所的文章，展示一下他们所做的选择以及表达自我的方式，是如何体现了他们内心的情感以及出类拔萃的聪明才智。但目前我们不得不只讨论一般的情形，我们要确定的不是简单的头脑喜欢什么，而是阅历丰富的目光和品位高雅的精神会对什么感到满意。

103. 铺垫就到这里，让我们在描画拉伦湖（科莫湖的拉丁文名字）畔别墅的主要特征之前，先认真思考拉伦湖岸边景色中美的定义。那里的别墅实在太多，以致无法关注个性化的细节。

对于风景的总体基调，我们可以参照意大利农舍一章。科莫湖畔的总体特征与之类似，只是更加活泼，更少庄重[1]，形式也更为多样。

---

〔1〕 说意大利的山区景色比平原更少庄重，听来也许有些奇怪，但所有从阿尔卑斯山到伦巴第州的人，只要有感知的能力，都会发现这一点。原因也很简单：首先，如我们在上一章所见，山景无所谓衰颓，因为它没有生命周期。峰顶不毛之地的孤寂不会被打搅，也就不会有搅动消失之后的忧郁感。它们经历了意大利从荣耀到无声，她曾经的蓬勃兴旺和光辉灿烂都是在山脚下发生的，好似一片浮云，它们感觉不到，也就不会怀念。逝去的文明不曾在它们身上留下痕迹，没有联结、纪念或记忆。它们和其他的山并无区别，只有自然的宏伟与深奥，人类的存在并不能使之增加或减少。所以除了气候带来的壮美之外，它们没有什么激动人心的特征，甚至气候的壮美也影响不大。在平原上，透明的紫气会带来深刻的感觉，在山区则只能中和寒冷——没有更好的表达方式了。

其次，山景虽然巍峨，纵深却有限。我们谈论的不是一览众山小，而是一般的谷地山景。如果山脉海拔是 10000 英尺，峰顶到谷底的直线距离也不会超过六英里：那种墙一样的边界，难免会产生促狭感，让人觉得不舒服，与一望无际的平原上心胸宽广的感觉对比鲜明。不过对于一般的国家，平原就是一片无趣的耕地，距离带来的庄重不及山景的巍峨，但如果每一块土地都有自己的故事，如果穿过它的每一条河流的名字都如乐植被没有平原上那么茂密：既是因为土地较为贫瘠，构成河岸主体的黑色大理岩不曾分解；也是因为山脉从水中陡峭地升起，山脚的平地十分狭窄。但在这一小片区域内，橄榄枝繁叶茂，还生长着柏树、橘树、芦荟、桃金娘以及葡萄藤，后者总是装有格子架。

104. 对于农舍而言，我们已经知道它必须十分谦逊，无论是建筑本身还是周围的区域，以免因明显的对抗而冒犯别人。在外力面前，它的力量微不足道。但别墅就不能这么谦逊了，它毕竟是财富和权力的象征，当然我们也不能要求它对抗连金字塔也承受不了的自然力量。解决这一难题的唯一办法，是选择那些看起来是被大自然视为休憩之

曲一样意味深长，河流流经的每座城市和村庄都有属于自己的光环，透过清新的空气可以望见蓝色的地平线，没有云雾来影响视线的清晰，那么这种景象所激发的情感会比最宏伟的山峰还要丰富、深刻、敏锐，因为后者与人类的行为无关。

最后，意大利的平原甚至不需要在广阔与宏伟之间做出选择，它两者兼而有之。从威尼斯到墨西拿，没有一处地方不能望见至少两条山脉。在伦巴第，一边是阿尔卑斯山脉，一边是亚平宁山脉。在威尼斯一带，可以同时看到阿尔卑斯、亚平宁和尤佳宁。往南可以一直看到延伸至海边的亚平宁，海岸地带也经常多山。在我们看来，远处高大的山岭，（一般来说）比近看还要壮观，它们的高度更加清晰，轮廓更加柔和优美，它们的宏伟也带有几分神秘。然而在意大利，距离比宏伟更有效，它能带来生气。山岭的冷漠消失了，脚下是高贵的平原，并通过俯视平原变得有人情味，而这种凝望是恒常不变的。它们成了一幅画中的一部分：我们赋予了它们记忆，并感到它们拥有了大地上的一切荣耀。

由于以上三个原因，意大利的平原比山区更为庄重。在北部地区，这种对比异常显著，阿尔卑斯山拔地而起。南部更多的是较低的岬角伸入平原，错落有致的景色非常美。然而即使在北部的湖区，平原地区气候的丰富，远处阿尔卑斯山壮美的外形和色彩，使得风景的气质远超大部分山景，即使单独、分散地来看，也足以让每一片叶子发亮、每一朵浪花歌唱。

处的地方，那里平静并且拥有持久的美丽，注定要在雪崩覆盖山顶[1]以及洪水席卷山谷的时候，坐在那里享受安宁。选中它们不是要寻找避难所，而是要彻底远离苦难。它们与农舍的选址必须有所区别，农民可能在低矮的岩石下或狭小的山谷中寻求保护，但别墅必须有自己的一片天地，显著、美观而又沉稳。

105. 关于农舍的外形，我们已经看到，威斯特摩兰郡农舍通过其不规则的细部，与山景柔和的轮廓相谐。然而在这里，这样的不规则不适宜也不需要。因为农舍通过与周围景色的融合，增添了其野趣。别墅则必须通过与周围景色的对比，才能达到同样的效果。视线从远处荒芜恐怖的峰顶，逐渐移到其布满沟壑的侧面，到和缓翠绿的丘陵，再到植被丰茂的山脚，穿过它们看到庄严建筑那高大的正面，带有一种平和的自豪。但这样的对比不可突兀，那样会显得生硬，使人惊骇。于是正如我们之前所见，别墅的选址必须远离严酷的景观，虽然它们不必完全从视线中消失，视觉效果上要有从恐怖到可爱的渐变，前者被距离所缓和，后者通过造型来加强。别墅的外观切忌夸张或生硬，但应富于变化，与简约的风格结合在一起，达到柔和的轮廓与庄重的气质兼得的效果。前者的重要性前文已做说明，后者的意义在于，建筑要与周围崇高的山景所激发的感觉相一致，而拉伦湖畔的静谧中所蕴含的深刻的回忆和永恒的联结也要求这一点。我们之前已经谈论过

---

〔1〕 冬季的雪崩有两种：一种是大块的冻雪向下滑动，圣伯纳德修道院的负责人告诉我，其速度只有同等大小的炮弹才能相比。另一种是一大团雪向下滚动，越积越大。这种会造成山体滑坡和泥石流，好似子弹擦伤了皮肉，在绿色的山坡上留下清晰的破坏痕迹，好似山岭被焦红的烙铁打上了印记。雪崩一般有固定的路线，但有时也会步入歧途，向割草一样损坏松林。山顶和山坡上那些枯萎的印记就是其作品。

科莫湖 2

适合意大利风景的色彩，本例中我们也会发现白色或灰白就可以。

106. 下面来看看别墅的地势和外观。说到地势，科莫湖的别墅大多建在较低岩壁突出的岬角上，上面长满了橄榄。或者建在山泉水汇入湖中所形成的冲积河岸上。这样选址是为了享受山谷里吹来的清风，同时避开岸边岩石强烈的反光。第一种选择是为了获得眺望或俯瞰湖区的视角，同时也能欣赏到岬角所在地区的山景。但在达到这种效果的同时，一定要让建筑处在恰当的位置上，远离陡峭黑暗的山景，坐落在弯曲河岸散发着香柠味的岬角上，这样它就会气质平和而又引人注目。例如，从湖的对岸远观塞尔贝罗尼别墅[1]，尽管岬角之上就是

〔1〕 塞尔贝罗尼别墅目前隶属于贝拉久镇的布列塔尼大饭店，萨玛雷瓦别墅位于卡德纳比亚镇，现名卡洛塔别墅，以其收藏的现代雕塑吸引了大批游客。两座别墅都很

峭壁，然而景色中庄重肃穆的一面被隔绝在了远方，别墅本身线型优雅，树木环绕。岬角将莱科湖从科莫湖中分离出来，距对岸三英里，很适合远眺。

107. 现在我们来考察别墅的外观。通常它下面有人造楼梯从花园通到水边。楼梯设计得很正式，而且宽广宏伟，台阶大概是0.5英尺高，4.5英尺宽（有的时候还要更宽）。上面一般有白墙和中空的拱廊，拐角处有雕饰基座，顶着雕像或花瓶。楼梯旁边是成排的树木，有时是柏树，更多的时候是橘树或柠檬树，夹杂着桃金娘、月桂和芦荟。但总能找到一丛丛塔状的深色柏树。楼梯或别墅附近会建有一些乘凉用的拱形石窟（有时是在岩石上开凿出来的），往往离水面不远，里面十分阴凉，让人觉得很舒服。具备以上特征的别墅范例是科莫湖的萨玛雷瓦别墅。

这样的入口效果如何，颇有争议。很多人不喜欢它的正式，但我们不得不接受，因为这是民族特色，也很可能与景色和气质有关。我们将努力发掘这种关联。

108. 拱廊的频繁出现，从远处看总是很宜目，部分是因为它优雅的曲线，部分是因为它的投影由于石窟的存在而深浅不一，还有部分是因为它显著地美化了墙壁。石窟近看很不错，因为它们给人一种清凉的感觉，还会发出美妙的回声。石窟里常有小溪流过，带来清爽的微风。雕像和花瓶，外形优雅，意韵古典，位置恰到好处，足以引发回忆和忧伤。台阶气质庄重（必然如此），甚至成行的树木也很应景，原因下面会做说明。在意大利，风景是必须要考虑的，因为阳光明媚

有名，因此就不采用《建筑学杂志》中本章的木刻画插图了。原画已丢失，而从奥斯塔山谷农舍的插图看，老式木刻画的效果很不理想。

科莫湖的山庄别墅 1

的日子十有八九。均匀的树影以优雅得难以形容的方式，洒落在大理石台阶上，遮住了雕像，斑驳了墙壁，这效果是散乱的树丛不能达到的。由于这些十分吸引人的树影，成排的柏树或橘树也很适合。

109. 但还有一个更重要的原因，它似乎有违对严谨形式的追求。入口处的设计若要美观，形式的整齐是必需的。线型应该优雅，但也必须均衡，斜线对斜线，雕像对雕像。如果用石头来实现这种数学上的整齐，在自然界的美景中会很刺目。但若把其中的一部分换成树叶，用它整齐的投影来搭配石头，这种间距和投影在数学层面与其他部分相合，却也富于变化，彼此不尽相同，这样我们便联结了自然与艺术，也迈出了从整齐之美到自由之美的关键一步。如果树木的种类不一致，或排列不规范，则达不到这种效果。因为那样一来，树木就和其他部分分开了，整体的匀称被打破，树木的优雅也消失了。入口处不会显得高贵，只会让人觉得郑重。树木的随意是有害的，因为会与周围格格不入。因此整齐地排列离建筑较近的装饰性树木是正确的构造原则，但需要良好的品位和认真的研究，才能设计得恰到好处。那些色彩较深的树比较适合，因为它们更像是摇曳的暗影而非树木。

110. 不妨看一些最容易设计的部分，如空心护栏，期望的效果是带来清凉感和纵深感。可以在后面放深色的灌木，越深越好，间距与栏杆一样或为两到三倍，修剪到一样的高度，既可获得深度，又可增加闲适，也未影响整齐。但困难之处在于把握尺度，太多的树木也不足取，就像马焦雷湖的贝拉岛〔1〕那样。也不能过于细碎：毕竟只有气势磅礴的艺术才需要整齐，细节是为了展示变化，所以没有比菱形的法式花园或花坛更难看的了。周围的景色则须丰富一些，以其线型的变化来缓和建筑本身略带的僵硬。气候也应该考虑，因为如我们所见，石阶的美主要取决于日光的照射，如果它们一年里有半年都在阴影中，深色的树木只会让它们显得忧郁，石阶的缝隙里会长出青草，基座上会长出黑色的莠草，苔藓会让雕像和花瓶褪色，整体的效果会像废墟一样，有种可笑的衰落感。此外，那种尊贵的感觉只在意大利才有，在其他国家总会显得不太协调。维吉尔〔2〕或阿里奥斯托的半身像，放在英格兰的风雪中不免吓人。阿波罗和戴安娜的雕像也会失去神圣感，前者的月桂冠将失去力量，后者的新月也不可能在纯净的月光下闪耀。设计的荣光是与风景的尊贵联结在一起的，也离不开国家的古典气质。

---

〔1〕 马焦雷湖位于科莫湖附近，湖中的贝拉岛又名美丽岛，是旅游胜地。花园占了岛的大部分，为方形的十层平台堆起，有“空中花园”之称。——译注

〔2〕 维吉尔是古罗马诗人，阿里奥斯托是文艺复兴时期的意大利诗人，阿波罗和戴安娜分别为日神和月神。——译注

一旦脱离了周围的环境，没有了各种高雅梦幻的意象，置于英格兰翠绿的乡间小路旁或长着小树林的岩壁之上，一切就会变得荒诞无比，丑陋难看，毫无益处，呆板乏味，不相连贯。

111. 看来我们已然在意式别墅的入口处发现了可观的民族性与美感，超出了我们的预期，而且是一种不可移植之美。在下一章我们将关注建筑本身，但也不会耽搁很久，因为它的设计总体是简约的，我们还将概观意大利的别墅式建筑。

112. 我们格外关注别墅这种花园式建筑，原因是它被很多有身份也不乏品位的人滥用了，在追求优雅和美的典范的过程中，他们忘记了无论建筑有多么正式，与周围环境的联系也是显而易见的。尤斯塔斯（Eustace）便是这类人中的一个，尽管他常犯这类错误，他的观点却是正确的，即此种风格即使在它的适用范围内，也常被滥用到令人不快的地步，对于缺乏经验的人来说，就更是一种危险的范式了。我们则认为，任何一个热爱自然并被她所哺育的人，都会喜欢这种在其恰当位置的整齐设计，尽管这种观点可能看起来有点矛盾。宽广的阶梯、飞溅在上面的有如融化的水晶般的水珠、柏树丛悠长的投影、探出的芦荟金色的叶子和闪亮的花朵、高处永垂不朽的白色大理石雕像、绿色拱廊边它们无生命的优雅身姿、那一动不动地凝望着曾生活其中的世界的眉毛、黑暗凉爽的石窟中欢畅的流水、桃金娘的花香、湖面深广的蓝色、远处那顶端覆盖着皑皑白雪的静默岩壁，这一切都会令人在冥思中，感受到意大利最高贵的回忆。

二　科莫湖的山庄别墅（续）

113. 考察过入口之后，我们还需讨论科莫湖的别墅及意式别墅给人的感受。

我们提到过科莫湖周围的山脉主要基质是黑色大理石，至少露在外面的部分是黑色，视觉效果是深灰色。这种基质有自己的岩层，厚度从一两英寸到三英尺不等。中等厚度的岩层形成了石板，常常碎裂为矩形，由于纹理非常细密，很适合做建材。南部的山区分布着一些白石灰岩〔1〕，但这种大理石，或者是原始的石灰石（因为结晶度不高），不但比较容易获得，而且持久耐用。于是这成了湖区几乎所有建筑的材质，也导致它们的材质如果裸露在外，会是一种忧郁的深灰色，视觉上无趣，感觉上压抑。为了防止这样的情形，它们被覆盖上了不同的材料，有时呈白色，更多的时候是奶油色，深浅不一。廊柱和装饰

〔1〕 含云石的白石灰岩。莱科湖东岸山脉由一种粗糙的白云石构成，如坎皮奥内峰。西岸的部分山脉如坎迪纳毕的德尔诺瓦峰也是一样。但莱科湖沿岸山丘以及科莫湖下半部两侧山脉的基石都是黑石灰岩。上半部的边缘则是片麻岩或云母板岩，还有洪水留下的第三纪的沉积物。所以白云石只能到山上去采，成本很高。而岸边的岩石碎裂成了块状，不然倒是绝佳的建材。

科莫湖的山庄别墅

部分的色彩通常比墙壁要深。但石窟的内部，如果不是在岩壁上凿出来的，则没有覆盖物，会与外面的白色对比鲜明，显得很有深度，花草能在粗糙的表面生根，缝隙里的水能汇成细流。建筑的所有引人注目之处——无论是由于形式还是细节（柱顶除外）——如花瓶、雕像、台阶、栏杆，都是上佳的卡拉拉（位于意大利西北部，以出产白色大理石闻名）白色大理石材质，那些质量很好、数量上也占多数的石材，却由于尺寸或过于明显的纹理，而不能用于雕塑。

114. 现在要问的问题是，这种灰白色是否合适？希望如此，不然整个意大利都将被否定。第一种它适宜的环境，尽管只见于湖区，但我们会发现在我们自己的国家也很常见。当一条小溪静静地流过山谷或峭壁，它的美主要来自于清澈和幽静。它有限的水流不会给人以庄严感，只有宁静之美和深刻的感觉。这样一来，建筑就不能吸引太多的目光，而要把它引向脚下的那片仙境，因为那里更美丽，而且满是无穷无尽又遥不可及的佳境。屋子的边缘必须在视线之外，把目光引向倒影，好像它被迷雾所笼罩，最终融化在了深不可测的蓝天里。（如果水底倒映不出天空，那水一定很黑，清澈的话反而更吓人。）现在岸边白色物体的倒影只会煞风景，因为它就像是盔甲上的一道光，只见表面，不见深度：它展示了具体的方位，显露出自己的边缘，把无边美梦变成了死水微澜。所以对于水潭或池塘，深色岩壁构成的陡峭边缘，或者茂密的植物是比较理想的，甚至布满碎石的岸边也不好。这是原因之一，我们欣赏威斯特摩兰郡农舍的色彩是出于相同的原因，它的倒影不会打破水面的宁静。

115. 但这一原则只适合能够一眼望到底的小范围水面，对于一大片水域，即使只有一英里宽，我们就感觉不到深度了。首先，除非微风掠过，否则几乎看不到整片水面。而且，当我们看到一大片天空倒影的时候，由于过于辽阔，光彩也非常单调。但我们可以欣赏到一种广阔之美，也可以知道水面延伸到多远，对它的范围有个清晰的概念。而远处的岸边难免消失不见，除非有明显、平直、刺眼的边界。为避免这一点，和前面一样，河岸本身的色彩应该深一些，以免产生漫长平直的边界线，但岸边或附近最好在这里或那里摆上一两个亮白色的物体：它们的倒影会在深色的水中闪耀，提示观察者水面的宽度与透明度。如果水下有轻微的隆起，倒影会变成纤长、优美、垂直的线条，与植被在水中斑驳的绿色倒影巧妙融合。如果水下很平坦，倒影就是一幅隔开一段距离的图画，蕴含着无限的宁静。

116. 以上评论对于拥有绿色边缘的小型湖泊是恰当的，也同样适用于一眼可以望见一二十英里的大片水域，后者边界的主要色彩是蓝色，我们在谈论意大利农舍的时候已经注意到了。白色的倒影在这里格外有价值，体现了宽度、亮度和透明度，并且构成了很有力的补偿，如果其他方面的缺点需要予以补偿的话。别墅灰白色调的倒影，由于其不小的规模和引人注目的特征，会有一定的影响力，在建造的时候就应该考虑到，特别是在当地无风气候的影响下，湖面一天里大部分时间都很平静。实际上，没有什么能比明澈湖水的倒影中，深蓝的远山下建筑物明亮的轮廓和深色柏树的混合更美了，曾有人恰当地形容说："白色的村庄，安睡在碧蓝的怀抱中。"[1]斜看过去也很美，一座接一座的村庄，无论是倒映在狭窄宁静的湖面上，还是映射到远处的山坳里，景色都无出其右。

117. 这些都说明白色别墅的水中倒影看起来不错，在岸上则另当别论。第一个不利之处是我们想象中的别墅是安宁平和的，而那耀目的色彩却一见惊人。但当我们观察建筑本身时这个问题不会存在。之前我们在谈论农舍时，对此已经做了一些阐释，在这里我们还将列举更多的原因。更重要的一个反对理由是，这种白色不够庄重，与周围风景忧郁的气质不协调：这需要详尽的考察。

118. 灰白色损害了建筑的威严。首先，它暗示了建材的虚伪和谦卑。其次，建筑无法显得古老。当然我们讨论的是建材目前的效果，但古意的缺乏在很大程度上取决于色彩。而在意大利，如我们之前所见，一切都应该指向过去，这属于硬伤。尽管出于一些原因，不是想象中那种致命伤。对于舒适的夏日休闲居所，我们不要求城堡或宫殿

---

〔1〕 选自一首吟咏科莫湖的诗，写于 1833 年。

白色别墅

必须具有的那种古雅。我们很清楚，建造它的目的是消遣而不是纪念，是为了个人的愉悦，而不是作为民族的象征。居所的第一个主人所要求的轻松随意的感觉应该被保持下来，不是那种需要引发人们对过去的敬重的建筑，而是可以最愉快地度过休闲时光的地方。人们都想为自己的作为而不是休闲留下纪念，因为我们只希望自己独一无二的行为或体验能被铭记，也知道别人享受到的休闲与我们并无不同。我们希望后人羡慕我们的活力，但最好注意不到我们的懒散。了解我们行动和支配的时刻，而不是休息和退隐的时刻。所以对于凯旋门或世袭宫，建造者追求的是稳重。就观者而言，新奇是种冒犯：但对于别墅，建造者要回应的是自己的谐趣，观者要看的是这种回应的证明，他会感到最能提供愉悦的别墅是最美的，它必须不断变化，以适应主人各种不同的念头、趣味和想象，才能提供愉悦，而古雅的建筑是不具备这种轻松灵活的特征的。

119. 另外，出于一个更为重要的原因，这样的外观也不足取。能够产生愉悦感的忧郁，要么是忧郁的同时伴着可爱，要么是忧郁中带有一种自豪感。没有这些因素，它就会成为纯粹的苦痛，是人们尽量摆脱的对象，只有过于软弱的精神才会被它控制。如果忧郁中伴随着可爱，就形成了美。如果带有自豪感，就构成了我们在悲剧中体验到的愉悦，当我们忍受痛苦的时候，或是凝视着让我们得悉或想起往日荣耀的废墟或纪念碑时的那种愉悦。所以，只有在表现逝去的荣光或力量的时候，古意才是美的；只有充满自豪的时候，回忆才是令人愉快的[1]。于是，那些娱乐的残留、享受的证据、消遣的记忆以及如此种种，一句话，欢乐消退之后，留下的唯有痛苦，因为不存在升华的感觉。所以在古老的建筑里，整齐有序、但已派不上用场的长矛兵器库让我们感到敬畏和愉悦；堂皇的大厅中，带顶饰的铭牌闪耀着逝者的荣光。但无人照管的凉亭、无人居住的闺房和没有舞会的草地却让我们感到反胃。别墅也是一样：记忆越多，悲伤也越多，也就越不适合目前的用途。谈到别墅给人的快乐，表达方式应该优雅一些。“精神性”是个好词，指的是在当前的生活中所能获得的最高层次的快乐。

120. 不难看出，由于以上这些原因，古意对于别墅来说不足取，更不必要。但别墅的整体气质需要和所在国保持一致，它必须看上去像本国人的居所，有本国特色。在意大利特别要注意，尽管我们可以省略庄重的一个组成部分——古旧，我们还是不能忽略其他部分：必

---

〔1〕 请注意我们谈论的不是愉快的回忆引发的情感，因为那样的回忆本身就充满愉悦。我们说的是冷静旁观者的感受，这种感受是由明显的衰退和幽静引发的，前者使人升华，后者徒增悲伤。

须有高雅的感觉、美丽的外观、富于影响力，不然就会显得粗俗。主人必须是想象力和感情都很丰富的意大利人，英国人住的别墅，无论怎样悉心仿效，仍不免可笑。

现在我们发现，令别墅丧失古旧感的白色并无不妥，也不能说它与周围的环境不协调。正相反，它起到了增光添彩的效果，也不显得浅薄。我们会把它视为风景的元素之一，讲到建筑群时再细说。

121. 只剩下一个指责，即这种色彩暗示了一种质次价廉的建材，这带来了另一个问题。可以用这种建材吗？如果一看就像灰泥，那就没什么争议了，肯定很不合适。但建筑所有引人注目的部分，材质都是大理石，灰泥只构成了那些平直的部分，而非任何环饰。它的表面平整光亮，这样石质建筑即使没有大块石材和各种雕饰，也可避免石块的轮廓过于突出，不然无论它们吻合得多么好，效果也是“可怕！太可怕了！”灰泥材质的外形即使有棱有角，也会比较柔软，不至于像石材一样尖锐粗糙。灰泥上的影子也很美，看上去轻盈透亮又不失深度，这在当地的气候环境下非常重要。从大理石雕刻的锋芒毕露移目至灰泥的柔和平滑也很愉快，因为灰泥材质的部分都非常无趣，不会让它的谦卑成为冒犯：设计者预先考虑到了这种可能，为了让人注意到他希望注意的部分，有意让其余的部分模糊黯淡，以达到主次分明的效果。

122. 尽管这些可以减轻灰泥的缺点，却无法否认它的确有损建筑的尊贵，除非后者的轮廓和细节能够充分抵消这种缺陷，否则色调和材质造成的减分会令整栋建筑与周围的气候特征不相协调，甚至与自身花园和入口的气质也不一致。所以还需关注一下细节。建筑的轮廓相当简洁，屋顶一般都很平，房子呈平行六面体，一般没有任何侧翼或附件。萨玛雷瓦（卡洛塔）别墅就是此种形状和比例的典范，虽然它两侧的拱廊有损庄重。如果建筑是单独存在，这种厚重的效果并不好，但下面总有一些阶梯，恰到好处地减轻了厚重感，增加了庄重感。即使建筑的中央常常有条敞开的走廊，上面是高大匀称的拱廊，下面是方形柱（而不是圆柱），也不会破坏总体的效果。科莫湖的普罗别墅（Villa Porro）是很好的范例。拱门的数量通常不超过三个，而且一样大小，拱顶构成的仍是横线。如果中间的拱门比两边高，就不会有横线，也失去了简约。拱廊下的空间舒适、阴凉、透气，适合躲避日晒，而且大门常常向拱廊敞开，带来凉爽的微风。

123. 建筑本身有三层：不记得有更多的，只有更少的。顶部一般有浅色的栏杆，上面立着间隔的雕像。最上面一层的窗户通常为方形无框。首层有较宽的窗框，不过往往没有饰带或檐板。底部有窗台，窗体本身是两个正方形。凹槽很深，这样阳光就不会射入室内很远。窗户的间距不一而足。那些最为矫饰的别墅，如布伦塔河岸[1]以及贝拉岛上的那些，以及不面朝南的那些，间距大概是两个窗框多一点，这样屋子里便很亮堂。这样的窗户有饰带和檐板。但如果建筑坐北朝南，间距往往非常大，如普罗别墅。首层多有高大的拱窗，由深嵌进去的方形柱支撑，就像萨玛雷瓦别墅那样。门不是很大，门前也没有高高的台阶，毕竟下面已经有不短的阶梯了，也有些是开在花园中五六十级台阶底部的宽阔平台上。

124. 现在不难看出，建筑的外观尽管不华丽，但是很尊贵。整体的线型相当简洁，没有任何修饰，能够充分显示出匀称之美。我们之

---

〔1〕 布伦塔河位于威尼斯附近，也是度假胜地。——译注

科莫湖的山庄别墅 2

后会看到，希腊式建筑如果修饰得当，总会平添优雅而有损宏伟，两者无法真正共存。意大利别墅由于毫无修饰，充分体现了匀称之美和庄重气质，令人印象深刻却又很难用细节的简约或尺寸的得当来解释。同时它是如此的低调和不引人注目，以致即使占据了风景中一个显著的位置，也毫不突出。视线几乎是漫不经心地从下方的阶梯和藤架向上看，深色的树叶和斑驳的影子逐渐减少，白色大理石和亮光逐渐增多，最后停留在一座高雅而又质朴、简洁而又出众，并且非常庄严的建筑上。由于外观简约，它的色彩也不刺目：因为无论什么色彩，只要不过度吸引视线，都会无害。而当细节的宁静避免了这种不幸，建筑将充满愉快，又不失平和，而且看起来是谦逊美好、温和愉快的人建造和居住的，这正符合它的本质，也体现出了它静美的气质。

125. 总体特征就说到这里。从结构的角度考虑，它也很美。线型以平直为主，每个艺术家都知道，只要视野中出现了山峰，它们下面就应该是横线。找不出一处锐角，竖线与横线的交叉也不多，除非是在非常必要的情况下，用于支撑建筑物。顶部的雕像较有争议，有些权威认为不妥，奇怪的是他们放过了栏杆，它也有同样的问题。因为如果雕像引发的问题是"他们在那里干什么？"栏杆则是，"那上面站的是谁？"

126. 事实是栏杆和雕像都源于寺庙或别墅可以轻易登顶的时代。（《在陶洛人里的伊菲格纳亚》第 113 行的一段话可以证明这一点，俄瑞斯忒斯提及爬到多利安式神庙的三槽板上是件很容易的事。）平屋顶出现以后，也许不是像巴勒斯坦那样，用来晚间散步，而是主要用于远眺，偶尔用作防御。它们由大块石板组成[1]，很适合在上面行走，掀起其中的一两块可以轻松回到房间，见《路加福音》5:19。在希腊还一直被用作投掷的武器。一旦发生入侵或叛乱，老人、妇女和儿童会习惯性地撤退到屋顶以便防守。屋顶抛掷的石板使底比斯人在普拉提亚陷入了混乱（《修昔底德》2:4）。所以我们也发现，当保萨尼埃在米涅瓦神庙的铜屋中快要饿死的时候，以及针对科西亚贵族党的屠杀事件中，屋顶都立刻派上了用场（《修昔底德》4:48）。

127. 由于屋顶的这些用途，最有用的装饰莫过于栏杆，最好看的装饰莫过于间或出现观察瞭望的雕像。即使是现在，只要屋顶是平的，

---

〔1〕 对于大型建筑而言是大块石板，其希腊语词源也指陶制瓦片或所有陶制品，如《希罗多德》3:6"用的是陶酒罐"。看起来这样的瓦片在小型建筑中很常用。希腊人的平屋顶可能源自埃及。希罗多德提到埃及的十二王迷宫，但没有提及屋顶（《希罗多德》2:148）。

我们就会有上去的念头，这就意味着只要设计得当，栏杆很合适，而雕像也很美。雕像不能太安详平和，更不应该行为激烈，但它应该沉静中不乏敏捷和警觉，这是专心观察留意的结果，并且看起来时刻准备着采取行动。它也要稍微高大些，因为它总是屹立在天空下。服饰不能太沉重,要有随风飘荡的感觉。以后我们会更全面地讨论这一话题。目前我们只想为意式别墅一个重要部分不协调的指责辩护。它白色的大理石雕未被气候所侵蚀，庄严肃立在蔚蓝色的背景中，活跃了整体气氛，却不显繁复。

128. 现在看来，科莫湖别墅的外形和细节颇具庄严感，与周围的环境相协调，但不是通过仿古。它甚至不需要坚固的建材和不朽的大理石，只用浅色的灰泥就可以。事实也证明了这一点：我们还记得，只有在贫困剥去了伪装、衰落消融了欢乐的时候，建材的浅色调才触目惊心。其他时候则宜人眼目。一旦它破损褪色，对庄重的外表便是一种嘲讽，但只要定期维护，有主人的照管，它就是优质又省心的材料。

129. 尽管有这许多褒扬，我们并不认为拉伦湖的别墅完美无缺。在与意大利的其他别墅进行比较之前，我们的确不能这么说。意大利可以说是别墅的祖国，并且几乎是欧洲唯一能找到不错的别墅的地方。那种绿色大门两边各有一扇窗户、上面几层各有三扇的立方体不能叫做“别墅”，好像这个词满足的是乡下奶酪商人的幻想。绅士那安静质朴的乡间居所不是，英国贵族祖传的冬季寓所也不是。然而受过良好教育的富贵之人拥有的淡雅精致、美轮美奂、功能齐全的夏季寓所，无论地点和外形如何，都可算是别墅。这样的建筑不可能出现在希腊，那里小邦林立且争执不休。它只可能出现在意大利，罗马的权力保障了稳定，罗马的宪法则保证权力分散在多人手中，尽管它赋予了他们

科莫湖的山庄别墅 3

很大的权力，后期还有很多的财富，却不包括兴建王宫或私人城堡的权力。别墅是他们特有的居所和唯一的选择，也是他们的最爱。这个国家尽管统治着世界，它的大部分人口却在相当长的一段时间内，都居住在一片狭长的领土上，以致城市里人口密度很高，它的上流社会不得不迁居到罗马附近的提布尔和图斯库鲁姆的村庄。

130. 欧洲的其他地区见不到别墅，因为在完全的君主制下，比如奥地利，权力集中在少数人手中，他们为自己建造宫殿而非别墅。而在完全的共和政体下，比如瑞士，权力是如此分散，以致没人能大兴土木。总而言之，在幅员辽阔的国家，乡间别墅成为了永久世袭的居所，密密麻麻地分布在首都周围。而在法德两国，中世纪的封建割据状态迫使贵族各自为阵，彼此相争，庄园和城堡取代了别墅。当地人现在的行为也与其祖先无异（以后可能也是一样），仍然在他们享受的居所周围建壕沟和斜坡，用塔楼守卫阁楼。而在英格兰，贵族的人数更少、权力更大，住在宫殿而非别墅中。其余的人口主要聚居在城市，从事商业活动，或分散在耕种的土地上。剩下的绅士阶层既无品位、也无能力去建造所谓的别墅。

131. 这样我们便不会惊讶于意大利之外没有值得考察的别墅，而意大利的没落贵族仍然可以在真正的别墅中保留他们的荣耀。我们也期待从别墅的替代品——庄园和城堡那里获得更大的探索乐趣。请允许我们再用一章讲述意大利的别墅建筑，之后我们将用总结出的原则来纠正英国乡间别墅的一些谬误，前提是它们选址优美、资金充足。

三 意大利别墅

132. 我们不觉得目前英格兰流行的说法有任何道理，即建造人体感到舒适的庇护所就是所谓建筑艺术的全部。果真如此，最有名的建筑师就是最了解水泥的性能、石材的质地以及木材年限的那些人。我们不否认这些知识对于最佳的建筑师是必需的，但就如字母表之于著名学者、格律之于天才诗人，它只是手段，而非目的。

133. 不妨想象一下，如果我们建造的房子只要能住就行了，我们努力的唯一目标便是在其间生活舒适。地窖不干不湿，餐具室陈设高档，四壁坚不可摧，空间毫无浪费，地板上没有一丝裂缝可以透风，门上没有一片合叶发出噪声，房间安静雅致，布置得有益健康且便于起居。要做到这一切，必须有丰富的知识和各种各样的技能，并且最大限度地利用它们。但结果是什么？低等动物仅凭本能也可以做到，蜜蜂和海狸、鼹鼠和喜鹊、蚂蚁和蠼螋每天都在这么做，完全不需要理性。我们成了和低等动物不相上下的建筑师，只因我们浪费了最杰出的智力水平，去做它们用最初级的感官所做的事。

134. 所以仅仅是方便舒适，并非人类可以满足或引以为豪的建筑水平[1]。高贵的建筑艺术意味着建筑物没有多余的部分，外观和色彩令人愉快，并且能够对人的精神状态产生影响，使之与建筑内部所要进行的活动相适宜。由于建筑师的工作以影响人的精神为目的，他必须非常熟悉室内空间的布置和分配原则，这不是一种艺术，而是工作的限度。鉴于此，尽管我们会关注各种层次的建筑，但我们的计划中不包括详尽考察所有这些建筑的内部细节，它们的特征不能为我们的鉴赏力提供舞台。但我们会选取一些最完美的例子，建筑师在其中实现了建筑艺术的最高目的。然而对于别墅要有所例外，因为可能从中得出一些有用又有趣的结论，对于当代所谓的别墅建筑有参考价值。这些建筑的预算和规模适中，建筑师们既要达到理想的效果，又要节省空间或装饰。迄今为止，我们从最高贵的建筑中得出的结论，对于我国的乡绅价值有限，他们只想在可爱的乡村一个安静的角落里，拥有自己的一处居所。所以我们必须看看更为普通的意大利住宅，以便考虑适合我国平和景色的建筑风格。

135. 我们首先失去的是入口处的阶梯，或至少是其规模和视觉冲击，因为建造它们需要数量可观的资金，长期维护也需要不小的开支。我们发现，简朴而整齐的花园取代了阶梯，但在高大树木的作用下，丝毫不显得低劣。成行的柏树环绕着茂密的花丛，通常有一扇精心设计但修建得很随意的大门，有时奇异地点缀着几块古代的雕塑，排列整齐，令观者一方面哀叹今非昔比，另一方面也为它们能够保存下来而欣喜。高档园林中的石窟被一排排浅色的拱顶凉亭所替代，上面刷着灰泥，有时内部还装饰着颇为明快美观的湿壁画。

---

〔1〕 对照《建筑的七盏明灯》，第一章第1节。

意大利别墅

136. 然而这些景物会分散对别墅本身的注意，由于它们和别墅位于同一平面，主体建筑就成了独立的所在，而不是坐落在系列建筑的顶端。这也意味着之前我们所见的建筑物的厚重感，虽然在那里常常是应有的，放在这里便会显得笨拙丑陋、很不合适，自然也就消失不见了。首先是增加了方塔，在高档建筑中，它的出现会破坏对称。但当细节不再繁复，入口处的花样没有那么多，整齐和对称并非牢不可破时，方塔就会出现。它是意大利风景中常见而且最为重要的元素，有时高大突出，如宗教建筑的方塔；有时低矮坚固，如城堡或别墅的方塔。设计都很简约，顶部是平的，四角的方柱稍显突出，并决定了塔的高度，不用考虑比例，每侧各有两个拱门，别墅一般会将之填上，但仍能看得出痕迹，填充的部分色彩更深，并且略微突起。每侧靠近顶部的地方各有两个黑色的圆孔，通常是唯一可以透光的地方。它们一般不大，总显得较小，也没有任何装饰。

137. 别墅本身的形状不甚规则，常有交叉，但总是不失简约。到处是正方形和平行线，没有高烟囱，没有锥形屋顶，绝无夸张的装饰，只有拱门来打破沉闷。拱形很常见，但不是说窗户，它们通常是方形或两个方形，彼此离得很远，嵌入墙壁很深，唯一的装饰是平坦宽阔的窗框。需要采光的地方，窗户之间的距离更近，并有较深的拱形外沿，以免正午的阳光照到室内。这些拱形外沿在建筑明亮的正面投下柔和的影子，在其他方面也很有价值。图 10 把这种效果展示得很充分，尽管结构本身并不出众，但整体的简洁感令人愉悦。一旦知道了如下事实，我们会更加同意这一点。这种简洁是被纯净的思维和柔和的情感选中（有些人说是建造）用作晚年的独居，在安静蔚蓝的群山之中默默地度过余年，直到生命的余音从大地上消逝，化作灰色坟墓前的一缕青烟。经过那里的人们不免要驻足，也会停下来看看逝者精神曾萦绕其间的荒废冷僻的居所，这就是彼特拉克[1]在阿奎尔住的地方。这类拱沿的一个更熟知的例子是蒂沃利的梅塞纳斯[2]别墅，尽管它其实不是别墅，人们都知道那只是马厩。

138. 接下来唯一值得留意的地方是扶壁。它在南方的别墅很常见，总是高大宽阔，有时出现得非常频繁，以致建筑物从侧面看是一种令人不快的金字塔型。最常见的形式是一道支撑着墙壁的斜坡，毫无修饰，约呈 84 度角。有时它是垂直的，顶部倾斜与墙壁相交，但底部从不会有台阶状的突起。通过观察扶壁出现的次数，即使是对地质情况

〔1〕 彼特拉克（1304—1374）是意大利著名诗人及文艺复兴巨匠，晚年隐居在阿奎尔。——译注

〔2〕 梅塞纳斯（公元前 70－前 8），古罗马帝国著名政治家，还是诗人和艺术家的保护人。他的花园非常有名，位于意大利中部的蒂沃利。——译注

一无所知的建筑师，也能精确地推测出意大利哪些地方的火山最活跃。因为它们的功能是保护建筑免受地震的伤害，以意大利人的良好品位，如果不是不可或缺，是不会使用它们的。所以意大利北部见不到它们，连城堡也不附带。它们从佛罗伦萨南部的亚平宁山区开始出现，离罗马越近就越频繁也越庞大。在那不勒斯周围，它们又大又多，有时甚至墙壁本身也是倾斜的。再往南走，卡拉布利亚和西西里岛沿岸的情形也差不多。

139. 扶壁是一个引人注目的绝佳范例，证明建筑风格需要因地制宜做出调整，这在建筑学中很常见。扼要地说，它们极为讨厌、拘谨、笨拙，看上去毫无益处。建筑师的想法如下：他不想看到它们，但是他离不开它们。他认为它们的出现一点也不和谐，但他很清楚它们不可或缺，所以他建造了它们。材料从哪里来？岩石的一侧被直接做成扶壁，形状都没有改变。这些岩石被玄武岩等火成岩切割成各种尺寸，由于形成的年代远在中世代，已经逐渐风化，坚固垂直的墙壁上可以看到交错的矿脉。视线经过成堆的火山岩渣以及火山灰烬的斜坡，经过更为古老的岩石的残骸，为这些碎片的命运而担忧。然而玄武岩像肋骨一样排列其间，基座则是火成岩和铁矿石，地震也对它无可奈何，因为它本身就是地震的杰作。扶壁的顶端才有人工的痕迹，但它绝非易碎的蛋壳，而是山峦的延伸，有着同样的斜坡、同样的支点，面对着同样的危险，也被相同的机制所保护。尽管一点也不赏心悦目，但它保证了建筑的安全，并与周围景色的轮廓相呼应，这些更重要。如果扶壁没有这么厚重，在埃特纳火山等地反而令人心惊。从卡波迪蒙特繁茂的森林和那不勒斯东部的峰顶就可以看到林立的火山，它们一片翠绿，但间或会露出灰色破损的岩壁，

维苏威火山

有固定的倾斜角度，离维苏威火山越近就越明显，直到眼睛完全习惯了它们堡垒般的外型。

140. 在这片支离破碎的土地上，无数的别墅就坐落在火山锥的顶部。然而它们出人意料地毫无冒犯之感，在一片毁灭的残骸中间，它们显得生机勃勃，绝不与周围的景色同流合污，这丝毫不刺目。但它们看起来已经做好了准备去忍耐和抵御周围环境的影响，它的居民也有足够的勇气和力量与不利的因素长期斗争，又有很好的品位和感觉，用墙壁的形状模仿火山侧面的沟壑，以免生命转瞬即逝的活泼灵动惊扰了周围永恒不变的荒凉幽静，并且显得可笑。

141. 我们一直认为，这种情形提供了建筑取决于周围环境的最佳证明，也充分说明不能抽象地说任何建筑美或者不美。我们会格外看重这一点，因为它体现了建筑师因地制宜的勇气。毕竟，一定有些由大自然所规定的、既有用又美观的东西。

图 10. 阿奎尔的彼特拉克别墅，1837 年。

142. 这些就是意大利别墅的主要特征，同一层次的其他别墅，有时在尺寸、材质或装饰上可能稍有差异，视其主人的权力和财富而定。再略谈几句它们的总体印象，就可以结束这一话题了。

143. 我们已经对奥桑尼亚别墅的横线以及简洁的外型习以为常，克劳德（Claude）、萨尔瓦多（Salvator）和普桑（Poussin）的作品灵巧地描绘出了它们高贵的气质，我们也把这些画当作是美感和品位的典范，所以在思考这些大师的创作对象和灵感之源的时候，较难没有偏见。然而我们也希望证明它们的确与众不同。首先，就良好的视觉效果而言，我们知道那取决于数学定律，尽管定律不一

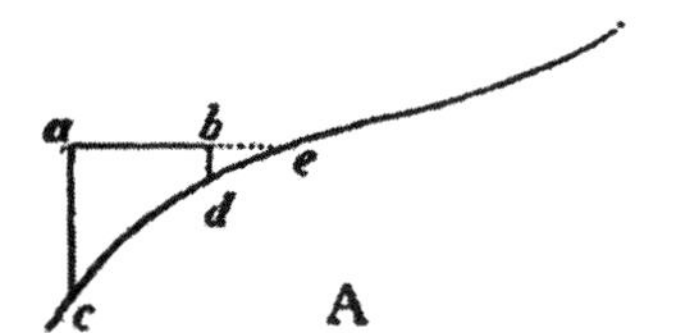

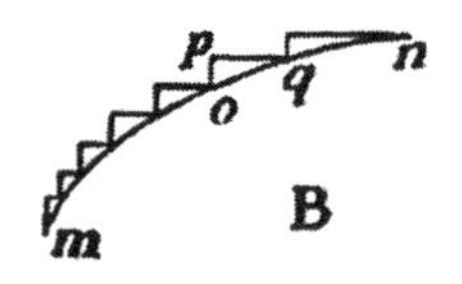

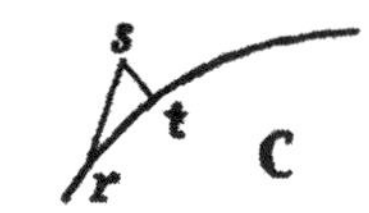

图 11. 中断曲线

定总能派上用场，还是不难看出曲线在乡间是最美的，而奥桑尼亚风景的主要特征之一就是完美的曲率，岬角伸进平原，和缓地起伏波动。要让建筑适应这样的乡间风景，就要尽可能少地干扰周围的曲线，方能赏心悦目。

144. 以曲线 ce 上 abcd 组成的图形为例（图 11 中的 A）。视线总会自动地补上一些线条，形成这样的图形，直到它们与主曲线相交。也就是说，视线会延长 ab 到 e，这是 c 到 e 的形状所决定的。即使 bd 离 ac 更近，效果也是一样。每条曲线都可以看作是由无数个直角三角形的斜边组成，如 mn 包括 op 和 pq 的斜边（图 B），斜边与直角边的夹角随着曲线的走向而变化。同理，ce 也是这样一个直角三角形的斜边（图 A）。对懂数学的读者我们可以解释得更清楚一些，即以 c 作为原点，ac 和 ae 作为 e 点的坐标，它们的比值就是 e 点的斜率。因此，一旦曲线被横平竖直的线条打断，视线就会自动填平被打断的部分。如果我们用斜线来取代方格，如 rst(图 C)，st 垂直于曲线，rs 则是一条虚假的斜边。一条曲线可以有无数条补充线，但只有两条是合理的。这是大师作品中整齐线条较为多见的真正原因，也是成片的意大利村庄异常美丽的缘由。

145. 视觉效果就说这么多。关于和国民性的联系，我们已经做了说明，如果别墅的这种联系很弱，也不令人失望。建筑主体部分窗户不多，有气候的因素在里面。但有些部分完全没有阳光，如中心塔的底部，让我们的思绪回到了古代意大利人的生活世界，当时每个人的家里都有阴暗隐秘的角落，掩藏着他邪恶的欲望。有那种念头的人，只信得过自己的影子，以及遮盖罪恶的墙壁。除了那些不能重复的秘密[1]，听不到别的声音。权力的束棒，或者欲望的匕首，都运用得无声无息。这力量连公子王孙们也畏惧，仿佛他们的命运已然注定。对于国家来说，混乱与异教之门已悄然开启，那是一条有去无回的路。

146. 意大利人的精神，行动时甜美愉快，情感则深邃静默。这些他们用来远离人生的惊涛骇浪、满足由此而来的情感需要的建筑，某种程度上也塑造了意大利人的精神。这些纯净地闪耀在晴朗群山和蓝钻海岸之中的居所，它们的石头上其实沾着血迹，它们的地窖充满了

---

〔1〕 雪莱对这种感觉把握得很好：“白天里房子的每个角落都一览无余，可我希望到时候连蟋蟀也看不见我。”——《钦契一家》（第二幕第一场，凭记忆引用）

罪恶与痛苦的回忆，日落之后，旅行者不敢在它们的墙边停留，以免听到恐怖的内室中传来乌戈利诺的孩子微弱的哭声[1]，或波纳提不详的警报，或科奥拓死者长久的低泣。

1838年7月于牛津

---

〔1〕 乌戈利诺见但丁《地狱篇》33。吉多·波纳提，弗利的占星者，见《地狱篇》20:118。科奥拓是埃尔莎山谷的高地，位于锡耶纳和沃尔泰拉之间，死者指萨皮娅，见《炼狱篇》13:100—154。

四　英格兰的低地别墅

147. 尽管我们不难看出，本书的主要目标是发掘各国建筑与其国民性的联系，关心的是现状而不是应该如何。但我们仍然认为，在结束对每种等级建筑的考察之际，应该努力将总结出的原则应用在我国的建筑上，并发掘出适用于各种造型和装潢的英国气质的理想类型。当然，从来没有也不可能有通用的理想建筑类型，关键是找到因地制宜的最佳范例。但我们总可以在一定程度上找到我国可爱乡间适用的理想类型。不过，之前我们思考的对象是完全不同的气候环境下的别墅，现在我们多少要参照一下目前或从前我国所谓“别墅”的建筑风格，方能对它们进行审美。所以有必要花点时间，看看它们是否形成了自己独特的建筑风格，如果没有的话，原因又是什么。

148. 所以本章的题目是“英格兰别墅”，而一千个读者心中无疑会有一千种英格兰别墅。有些见惯了大都会地区的别墅，会联想到砖结构，上面顶着熏黑的烟囱帽，正面涂着灰泥，并有雅致的裂纹，以及污染的雨水冲刷水泥留下的粉色、褐色和绿色的痕迹。有的人会想到高大、方形、多窗的白色建筑，精挑细选的位置相当煞风景，以致路过的绅士们不禁要问守卫“它的主人是谁？”守卫则会认真地回答说，

英格兰别墅

这是某某乡绅的府邸，既是为了报答乡绅的恩情，也是为了陶冶路过的绅士。也有的人会记起用石头固定的红砖建筑，圆柱门廊约有建筑主体的三分之一那么高，两侧各有一个壁龛，内饰夸张的头像及假发。屋顶的烟囱下面还有两个茶壶，上面晾着手绢（美其名曰“希腊古瓮”）。还有的人会记起成片的伊丽莎白式山墙。但谁也想不出一种固定的特征，可以打上民族建筑的标签。这既可悲、又遗憾，更糟糕的是，它不是没有原因的。

149. 首先，不列颠的地貌特征多种多样，每一种都赋予了由其组成的乡间一种独特的气质，一片五英里宽的区域内，几乎不存在一致的风景[1]。不妨假设有六个外国人分别在格拉斯哥、阿伯里斯特威斯、

〔1〕 长度另当别论：我们可以把英格兰的乡村从西南到东北分成带状，它们将由相同的岩石组成，从头到尾相差不大。我们几乎所有的主干道都横穿它们，所以难得有十英里的路面有相同的地基。

法尔茅斯、布莱顿、雅茅斯和纽卡斯尔登陆，并把他们对英国的考察限制在二十英里的范围内，他们对不列颠风景的印象将会何其不同！如果建筑的外观因环境而异，我们就不可能拥有民族风格。而如果我们放弃因地制宜的观念，我们又会失去能够判定民族风格的唯一标准了〔1〕。

150. 另一个值得注意的原因是英国人独立的个性，他更愿意满足自己的个人喜好，而不是跟随社会潮流或以自然景色为重。于是他往往颇有创意，要制造出奇特的建筑风格，由于热衷显摆，常常更加可笑。这种倾向在英格兰极为普遍，而且一般不受限制。在法国，人们

---

〔1〕 因此我们发现，最完善的建筑流派都位于地理环境变化不大的地区。先来看埃及，那是一种总让人严重兴奋过度的气候，源于宏伟的自然条件，又因经常在阳光下曝晒的习俗而加剧（《希罗多德》第三卷第12章）。所以，就像我们在热梦中会幻觉安静的室内有扭曲的生物和面孔在游走，埃及人也赋予了各种存在物以扭曲的形象：狗成了神灵，葱韭成了飞鱼，然后逐渐在空白的花岗岩上雕刻出各种神秘，在迷信中设计，在疾病中崇拜。然后这些仿佛是在谵妄中矗立起来的建筑给我们以永恒的重负感，高大而又阴暗，柱形的雕塑巨大难看，山石铺就的大路宽得难以丈量。这是一个完善的——即显著的、持久的、固定的建筑流派，被一种特定不变的气候条件所诱发。在希腊更纯净的空气和更高雅的元气中，建筑呈现出一种精心设计的美感，也形成了完善的流派，因为是在一片不足50平方英里的地区及其附属的岛屿和殖民地上培育起来的，它们拥有同样的空气，分享着共同的景色特征。在罗马就没有那么完善了，因为更多地是模仿而非原创，并且受到罗马人旅行、征服和劫掠的野心的影响。但仍然形成了一个建筑流派，因为意大利全境的景色有着共同的特征。西班牙和莫里斯科等流派也是一样，哥特式建筑暂且不谈，尽管我们希望以后能证实它也不例外，但会涉及太多复杂的问题，这里就先不作为证明了。

将埃及建筑类比为谵妄幻觉似乎是在德昆西《鸦片之痛》的段落中提及的，这是《瘾君子自白》一书的最后一篇文章，在描述了皮诺内西之梦后，他提到曾产生“在永恒的金字塔底部狭窄内室的石棺里被埋了一千年，与木乃伊和狮身人面像为伴”的幻觉之类。

林荫路

追求财富，为的是买到愉悦；在意大利，是为了获得权力；在英格兰，则是为了“四处炫耀”。对于一个典型的英国人来说，要他把别墅建在别人看不到、也不能想到他的地方，实在是很大的牺牲，他的愿望就是听到别人不断地赞叹，“这样好的地方！它的主人是谁呢？”他才不在乎自己是否扰乱了周围的宁静。不过，尽管他会因此把自己的房子建在大路旁，他的住所仍会保持一种阴郁的隐居感和刺猬般的独立感，毫无乐群和幽默可言，与他的选址相去甚远。

151. 尽管环境不佳，英国的乡间住宅仍具有一些值得关注的显著特征。首先在入口处，拥有只属于我们自己的、并且需要特别维护的部分——林荫路。当然，我们在欧洲大陆上也可以看到树木环绕的高贵古堡，在公路两边也能看到一片又一片长着槲寄生的苹果树，有时我们走近大路旁有角塔的古堡[1]，也能看到它“周围有一圈白杨树”。

〔1〕 或是一座城市。任何从北边穿过两英里的白杨林荫路进入卡尔斯鲁厄的人，都会感到穿过了最了无生趣的城门，进入了最没有灵魂的城市。

尽管如此，完美的林荫路仍然是我们的专属荣誉，下面对它的美丽之处略作考察。

152. 它的起源是原始森林里空地的通路。奇怪的是，在爱尔兰的沼泽地区，尽管森林退化得十分严重，树木却总体呈对称的行列，间距约二十英尺。之后的森林即使没有这么对称，也有不少通路，覆盖着一层草皮，两侧是各种树叶，这样一来建筑师（也是林荫路的设计师）就只需让它们在恰当的位置彼此对称，尽可能地保持自然界的形态和比例，所以林荫路不能太长。认为一条单调的长线就能显得庄重，这样的想法是种误区，除非长到不可思议，比如温莎堡的大道。三四百码的长度既不失庄严，也不至于单调乏味。树种必须视周围环境而定，但枝叶部分一定不能太均匀，好让小径上也能洒下阳光，穿过小径的物体能够有光影的变化，就像波浪般的旋律。顶部要能够合拢，遮挡光线，但不至于朦胧。仿佛是拱形的屋顶，但不显生硬。地面应该是绿色，这样阳光照射上去的时候会非常好看。这样繁茂有致的景深只在英格兰才能看到最佳效果：那是绿色乡村的一种特质，会唤起我们对自由的森林、林地看守者以及农民所穿的“林肯绿呢紧身衣”的一切回忆。我们也会想到古代弓箭手的荣耀，他们的绝技是在狭长无风的林间空地练就的，会想到王室成员愉快的狩猎，晨间伴随着号角的回声，鹿角上的露珠溅落在错综复杂且密不透风的林间小路上。总之，就是构成“愉快的”英格兰古名的一切，在这蒸汽与钢铁的时代，这样的名声已经不易保持了。

153. 这就是我们关注的英国别墅的第一个显著特征：记住我们谈论的不是某些英国宫殿前那些成排的高大树木，那是公园的延伸，而不是建筑的入口。我们说的是简洁的林荫路，两排树木下的大铁门，

牛津大学默顿学院

牛津大学圣约翰学院

透过它们可以望见约一百码以外的灰色大宅的山墙。这类入口的范例可以在彼得舍姆找到，从列治文山出发，沿泰晤士河右岸走大约半英里即可，尽管这幢房子入口处的林荫路很不错，但它本身是对意式风格的拙劣模仿，还夹杂着没落的伊丽莎白风。不过它也有一定的教育意义，展现出了在我们这种气候下，室外雕塑会是何等模样。

154. 现在我们已经找到了最具英国特色的入口，它将把我们引导到唯一可以被称作是英国式的别墅建筑——伊丽莎白式及其变体。此种风格细节奇特且无章法可循，但我们认为它对周围的景色适应得很好。我们所指的不仅是纯粹的伊丽莎白式，甚至也包括哥特外形和古典装饰的奇怪组合，这在十六世纪很流行。最简约的形式是一栋建筑环绕了院子的三面，大一点的会堂还有数个天井，正面的山墙很尖，还有较宽的凸窗，被槽型竖框分成了窄条，没有任何装饰。突出的天窗调剂了屋顶，它们的光线被分成三部分，最上面是平滑的拱顶，屋顶中间的边缘呈几字形。我们会发现凸窗的底部装饰着花环[1]，两边是首尾相连的成排短柱，它们的基座很高，有时装饰有花结，柱子通常有凹槽，装饰也更为繁复。入口处通常由两排短柱组成，中间是拱顶，有着贝壳型的天篷，以及复杂的顶饰[2]。门廊的总高度超过了屋顶，后者上面还有装饰各异的烟囱。

155. 这样的建筑简直不入流，但除了烟囱之外，品位倒还说得过去。因为它原本应用于林区安静退隐的生活，而不是城市街道上显眼

---

〔1〕 牛津大学布雷齐诺斯学院是其典范。

〔2〕 见牛津大学默顿学院和圣约翰学院的天井以及老式学院的门廊；肯特郡查尔顿的一座老房子；建筑师可能会想到伯利之家属于这种混合风格变体的典范。

的宫殿。前面已经提到，对于林区来说，奇特的细节很宜目[1]。自然景色中斑驳的光线适合繁复的装饰，而森林中多变的自然建筑，甚至需要不规则的人工建筑来呼应它们。深色的树干、闪亮的叶片、森林般的风景、精心装饰的入口、富丽的山墙，它们制造的惊喜难出其右。图 12 中可以粗略看到这种效果，我们将主要关注建筑的如下特点——

156. 首先它古灵精怪，它的创意混合着执拗，有时还有点荒诞。一两条线比较优雅，也有几条粗糙锋利。它自成一体，无法与其他任何建筑联合，如果添加一些建筑风格更为纯粹的部件，只会非常难看。这些都符合英国的民族性，无论是幽默、独立，还是不愿丧失自我。

157. 这样的建筑也非常具有家庭导向，外观平凡，有点像农舍，丝毫不显庄严高贵。没有引以为豪的美丽优雅，没有意大利别墅的尊贵喜悦，而是日常的居所，为了舒适便利。装饰也有些呆板，正代表主人的性格：没有高雅的品位，没有高档的娱乐，没有纯粹的美感，而富于家庭情趣，讲求实际而非空想，但也偶有奇思才情闪现。意大利人通过宁静、简洁、高贵的线条、严肃深邃的思想、平铺直叙的感受，于休养中求美观。英国人的别墅却不遗余力：活泼于他来说是件要紧事，装饰起来也没完没了。他通过悬殊的对比来寻求乐趣，用一丁点的幽默混合一大片的阴沉，但并无忧郁。由于这一特征[2]，建筑本身不能说美，仿古的效果也不见得美，缘由我们之前已经提到了，这对用来取悦人的建筑来说并不得当[3]。它只适合于此，因为会让人想到某种逝去的荣耀。

---

〔1〕 即当观察者周围是林地景观时，见前文第 88 节。

〔2〕 换句话说，英国人的活泼本性中并无忧郁，见前文第 23 节。

〔3〕 见 118 节。

英格兰乡村别墅

158. 这也是有生命的建筑，窗户闪闪发亮，气质轻快活泼，采光效果很好，门不高但看着很舒服。意大利人的住所很不开放，谨守秘密，沉闷枯燥。这些都反映了主人在精神上的差异：一个在忧郁的沉思中度日，另一个活泼敏锐、享受人生，凡事都很积极。

159. 这也是四平八稳、中规中矩、规划良好的建筑。完美对称，浑然一体。意式建筑（丝毫不做作）散漫随意，无章可循，缺乏呼应，而意大利人的精神状态也是同样的散漫，充满着各式各样的心血来潮，行动起来没有章法。而英国人情绪稳定、举止稳重，即使在日常琐事上也意志坚决。

160. 最后一点，与南国大气的别墅相比，英式别墅颇为小巧。视线总是被吸引到特定的部分和微小的细节上，正如在英国和欧陆农舍的对比中，我们也发现一个一览无余，另一个颇显厚重，很符合它们所在地区风土景致的规模。

161. 通过对上述特征的考察，我们似乎可以从别墅建筑过时的风格中发掘出一些民族性。但当前的建筑就毫无特色可言了：一切都是可笑的模仿和可鄙的造作。遗憾的是，尽管现在建筑很吸引公众的注意，主要的精力却用来模仿瑞士小屋，而不是建立英式房屋。我们不用再花时间探讨纯粹的英式建筑，尽管我们希望通过思考集防御和居住功能于一身的建筑，来获得启迪与愉悦。不过，目前我们还不打算匆忙开始防御性建筑这一重大议题的介绍，所以我们希望在下一章谈谈最适合英国风景的建筑风格，从而结束别墅部分。

五　英格兰别墅的构造原则

162. 近年来兴起了一种风气，一些比较有修养的大都会店主为了倡导得当的建筑装潢，把他们的货架、柜台和店员都置于古典风格的建筑中，并且增加了一些新奇的装置，即生意人希望用来吸引顾客的常见物品。我们发现杂货商置身由茶叶罐圆柱和棒棒糖尖塔堆成的神庙里。鞋匠在哥特式大门下切割鞋底，旁边是鞋饰和长筒靴盖。而我们的干酪商无疑也会紧随其后，在店门前竖起粗细不一的多槽柱，视觉上让人想起斯塔法岛、佩斯敦和巴尔米拉，味觉上则是熟悉的荷兰奶酪、斯蒂尔顿奶酪和斯塔蒂诺奶酪。

163. 商人们的这种品位只是人类精神中一种固有倾向的粗劣表现。那些视线最为熟悉的物体，智力在其间生长、灵魂在其间成形的环境，由于经常见到，自然也让人觉得愉快，特别是日常生活与这些物体产生了联系时。因为人们毕竟是在日常琐事中度过生命中大部分没有痛苦的时光，不管那是些什么样的琐事，与之相联的记忆都很愉快，所以能够唤醒这些回忆的物体就会显得很美，无论其特点或外形如何。

164. 所以这样的品位很幼稚，并且是回忆的奴隶。检验美的标准并非固定，而要视周围环境而定。因此住宅里总是能看出主人的生活轨迹，退役的舵手会将自己船头的模型立在柏孟塞六平方英尺的前庭园里，退隐的贵族则把宽阔的盾徽和有顶饰的狮鹫高悬在宅邸的大门上。无论是我们对于美的纯粹的理念，还是理想化的追求，都会受到所事职业和业余爱好中总结出的原则的影响。

165. 继续深入调查这一议题会格外有趣，我们将看到一个自食其力的人最高雅的趣味和最精妙的洞见与他的劳动紧密相联并取决于后者。但这一问题与我们要讨论的内容无关，我们提到它只是为了区分人类性格的两个组成部分，一个是秉性气质长期作用于生活习惯的结果，另一个是心绪，受到偶然因素的影响，对性格中第一部分所产生的感受也有显著作用，算是最后的润色，并且因人而异引发了无尽的偏见、幻想和怪癖，构成了心灵的帷幔。

166. 我们已将建筑师的职责定义为选择与其功能相称的外观和色彩来愉悦精神，那么对于住宅来说，最佳的外观就是与第一部分，即性格中稳固基本的部分紧密呼应，力求简洁。反过来说，最有害的莫过于随心所欲对建筑的影响。因为连贯的缺乏和想象的贫乏会损害各组成部分之间的和谐以及总体的庄严，怪异将取代美丽，娱乐将取代愉快，惊讶将取代尊重。我们可以举出几个例子，这些建筑都是最有天赋和品位的人设计的，然而他们忽视了建筑学的基本原则，放任心绪凌驾于心智之上，本该稳定的设计方案变得反复无常、异想天开，仿佛是在追逐梦境或者欲望。拙劣的模仿混合着杂乱的空想，引出各种矛盾的感觉和不连贯的记忆，奇诡的细节导致了外形的混乱，令本该很美的建筑显得不入流。

167. 那些对建筑只看热闹的人，很难避免这样的错误：他们可能是很好的批评家，但无法成为创造者。只在休闲放松的时刻，他们才会想到自己的别墅：他们只把它当玩物，颇有点自鸣得意，激发的是轻浮的幻想，而非深刻的感觉。对于消遣之物，当然用不着花费时间和精力深思熟虑，更用不着苦心孤诣地为了总体效果而放弃对细节的幻想。

168. 对这种感觉我们要尤其注意，因为它是别墅设计师的主要敌人：它始终存在，并且很难对付。也许顾客非常富有，甚至很有想法，而别墅周围的环境也不错。未来的主人把建筑师领到自己的书房，让他看看自己的“概念和素材”，并且很可能会说：“一点小建议，先生，我希望像波佐利附近的皇家别墅一样，有跳舞的仙女、柏树和贝壳形喷泉。入口处我想最好这样：古典、精致、优雅。哦，这里有一张草图，是我的美洲朋友画的，一个什么食人岛上的国王的茅屋，他好像是那么说的。看，圆木、头皮，还有蟒蛇皮，古怪得很。我觉得正门最好能有这样的效果，你觉得呢？一层的窗户我还没想好，但你看埃及式的行不行？我挺喜欢埃及式的窗户，带象形文字的那种。鹳鸟和棺材，上面再来点嵌线：我前几天从喷泉修道院[1]那边带了一些过来。你看这个，天使伸着舌头，头上裹着卷心菜叶，一边一只骑扫帚的恶龙，魔鬼从短吻鳄嘴里往外看[2]。非常奇异。角塔可以是八边形，就像肯尼沃斯城堡[3]中间的那一个，有哥特门和吊闸，那样再好不过。有横

〔1〕 喷泉修道院（1132—1539）是英国最大的修道院废墟，位于英格兰东北部约克郡。——译注

〔2〕 实际上刻在罗斯林礼拜堂的一个交叉拱上。

〔3〕 肯尼沃斯城堡是英国著名的城堡废墟，位于英格兰中部的沃里克郡。——译注

图 12 古老的英格兰宅第，1837 年。

缝可以放箭，城垛可以射击，堞口来泼洒热铅，顶部还有一个房间用来晒李子。底部要有暖房，塔上爬着五叶地锦，由斯芬克斯来守门，他们前爪握着刮刀，尾巴是热水管，以便在冬天保护植物。还有……”建筑师无疑会对这些想法和组合感到惊讶，但他仍然安静地坐下来画图，仿佛他是个石匠，或者他的顾客是建筑师。而这样树立起来的建筑足以令观看者兴奋，也令作恶者不朽。

169. 这并不夸张：我们考虑的不仅是未来可能的效果，也切实观察过几幢这样的建筑，它们颇为抢眼，也有一些美丽之处，足以显示出是建筑师的作品，内部结构也不失品位，足以证实设计者的聪明才智。之所以焚琴煮鹤，只是因为奇想取代了判断，仿佛是一位杰出的诗人，漫不经心地给幼儿胡乱拼凑的一首打油诗，不由自主的闪光之处不少，却毫不介意是一团乱麻。

170. 这是别墅设计中的首要难题。或多或少总会出现，不过也可以轻松化解，前提是专业人士坚持由自己负责全部设计，只有总体风格由业主来定（并且只接受他们喜欢的风格），不然就只监管施工。除非他们能负责整体，否则就不设计任何细节。这对于自诩为建筑师的绅士的能力也是很大的考验，如果能力不足，他们就必须把任务交给更有经验的人。如果能够胜任，如果外行的艺术水平足以完成设计工作，那他设计的建筑大概也不会太难看。

171. 这样的方案（假设它能够完全付诸实施，也没有好心肠的石匠愿意提供技术援助）乍看上去似乎侵犯了这一领域的自由，因为它会阻止人们在建筑上的想象，除非他们有专业知识。受害者也可能会抱怨说他们毕竟是主人。然而这样的假设显然有问题，人们往往认为他们房子的外观也属于他们，他们完全可以将之随意胡来处置，想怎么样就怎么样。室内的确如此，一个人就是让自己成为朋友熟人中的笑柄，那也是他无可非议的权利，也可以做各种荒唐的事情，来追求他那点愚蠢的舒适。但谁也无权让别人来为自己的蠢行买单，或者通过给公众制造痛苦来博取公众的同情。如我们之前所见，在英格兰人们尤其喜欢引人注目，由于业主本人的选择，别墅的外观成为了日常路过者的拥有物，它时刻影响着他们的喜悦或痛苦。因为它对于和谐的视觉或愉快的精神的那种刺痛，一点不亚于身体上类似的感受，区别只在于不是永久性的。所以个体无权伤害群体来实践个人的理念，即使他的身体刀枪不入，就像他的精神不辨美丑，他还是不能用三角钉来装饰他的车马路，或者用见血封喉树来划分他的种植园。

172. 所以触犯众怒是不正当的，即使他人的意见对于主人来说始终是种折磨，但其实不是。对于居住者来说，住宅的外观几乎无足轻重。建筑材质也许会影响他的舒适度，保养程度可能会触动他的自尊心，但就其建筑风格而言，他一周就会习以为常，之后无论是希腊式、原始式，还是扬基式，对主人来说都无甚差别，都一样是他的家。即使是住在牧屋、窝棚或者佛塔里的虚荣感，也维持不了六个月。那种令人厌烦的单调，和从未住过的人的感受没有区别，后者由于不习惯和品位好，每天都要承受视觉上的刺激和折磨。

173. 如果以上观点适用抽象意义上的建筑，那么只会更加适用于建筑的构造原则以及施加在这个世界上的无穷影响。地球上的美景是所有居民共同享有的：它不是暂时地属于少数人，为他们提供食物和居所，就像对猪或马那样，而是作为那些最出色的头脑的学校，去激发人性中最高的潜能，为最高贵的心智提供力量，也是人类灵魂中最神圣情感的精神食粮。对于这种美来说，生命活动的迹象当然是必要的，但要与其特质保持一致，如果未能保持一致，任由自己那点微不足道的小事所引发的困扰，唐突地打破了宇宙的宁静，并且以此刻的傲慢，置身于庄严的永恒，在世界的骨骼上修建婴儿的碉堡，或者清除一千年才形成的山间的树林和岸边的痕迹，这样的事情蠢人也许会愿意，赌徒则会欣欣然。

174. 所以山区的业主都应该懂得，他的所有物意味着一种无可替代的教益，不仅是对艺术家，某种程度上也包括全国的文人墨客。即使从这一角度来说，它们也是国家财富，但远不止于此：成千上万的人不断从中受益，不仅仅是片刻的愉悦，而是纯粹、永恒而激动人心的情感，既适于崇高的科学思考，又能给予深邃的自然宗教课程，因为只有神灵才能做到，也只有不朽的灵魂才能觉察：他们应该懂得最微小的瑕疵，最不引人注目的赘物，都会损害自然景色的高贵，就如同一个不和谐的音符，就足以破坏最佳的和谐。所以其实是虫豸的力量在隐藏、毁灭或亵渎天使也不能还原、创造或为之献身的东西。人人皆有的做蠢事的权利，只有那些愚昧无知的人可以公开使用，蓄意的小丑则不行，他们把自己庸俗的戏服刻意丢到世间最美的色彩之中，把自己的狂喊乱叫混合到永恒的旋律中，用愚蠢的笑声打破天地万物自创世之初的宁静，并且痴傻地在上帝之手写就的书页上胡乱涂抹。

175. 我们会努力让所有可能去修饰自然美景的人明白这些，因为他们也许会在某种程度上说服建筑师和业主，当涉及复杂的感觉和构造时，随意发挥想象力是危险的，并且也许会劝服设计者，外观不仅仅属于自家土地或个人品位，而属于周围环境整体的外表和印象。

176. 现在我们假设建筑师能够掌控全部的设计。对于住宅来说，外观设计的关键是唤起家的感觉，而如前所述，呼应性格中的第一部分最能达到这种效果。但更重要的是与周围的环境保持一致，这就引发了另一个矛盾调和的难题，因为人们的精神常常令人遗憾地与其选择的居住地相冲突。圆滑的廷臣尽管文雅讲究、口是心非，却想在德文郡[1]效颦田园牧歌式的生活。浪漫的诗人选择了涂灰泥的住所，后窗对着格林公园[2]。娇嫩的奢侈品爱好者住在偏僻多风霜的房子里，努力在七点钟起床。富裕的股票经纪人在威斯特摩兰郡的幽谷和多树的岸边算他的点数。遇到这样的情况，建筑师不得不接受业主的精神

〔1〕 德文郡位于英格兰西南部。——译注

〔2〕 格林公园是英国伦敦的皇家园林。——译注

仿佛是入侵者的事实。由于他们的选址和自身给人的感觉是如此不同，因此他们的住所即使完全不符合他们的性格，也没什么不妥。

177. 但如果可能的话，他应该有更多的追求。他应该积极和雇主交流，观察他的禀性倾向以及思维习惯，注意他的见解主张，然后把他的观察结果尽量清晰地传达到他的建筑中。他需要这么做，不是因为一般的观察者能够看出建筑的倾向，毕竟他对主人缺乏了解。也不是为了取悦雇主，简约的设计很难做到这一点，而且雇主也不会觉察到建筑与自身性格是多么合拍。但正如肖像总是比沉静的面容更生动，对于情感的考察也能为建筑师的设计带来活力、协调和创意（可以保证他的作品各不相同），简约居家又有生机，足以激发每一位观察者的兴趣和共鸣，这是一种他们无法理解的感受，比石头或雕刻要飘渺，有点类似有些人童年时代看到闹鬼老房子的感觉。建筑师在对生活的研究中，会忘记科学的条条框框，但专业眼光能够防止他犯技术性错误，他将会获得真正的、纯粹的独创性，也不会丧失头脑中占支配地位的民族性。

178. 在装饰方面他也将获得有利的指引，因为相较目前的节俭，以后英国的别墅会有更多的装饰。坎迪德斯[1]在笔记中抱怨，人们采用伊丽莎白式建筑常常是因为它们易于装饰，仿佛是从对折的纸上剪出锯齿来那么简单。但我们还是抱着希望，认为职业建筑师不会看不到他们作品的意义，不会以为整齐地切磨石头就是装饰，不过我们很确定他们认为别人都目光短浅，因为他们仅考虑装饰的总体效果，花饰加得非常漫不经心，好像是结实的压缩饼干，上面还有烘烤者的四

〔1〕《建筑学杂志》的一位投稿人。

个手指留下的小孔，中间则是大拇指按下的有力通道，这种永垂不朽的石质优雅花结很多见。

179. 没有什么比恰到好处的装饰设计更需要细致的研究或经常的练习。它的位置和使用方法或许有规律可循，但具体的位置一旦确定，曲率、宽度、纵深、投影、连接点、总体效果，这些所提出的难题，有时凭借长年的经验积累都难以解决[1]。因为它们取决于眼睛和手的感觉，而且装潢永无止境，很难说已经到头了。当外形和主要结构取决于环境，建筑师常常会发现装饰仍需推敲，因为是独特性的唯一来源。之前毫无意义的一堆乱石将会富于表现力，成为优美设计的配件，形式各异，效果精妙。之后建筑师也不能视其为需要回避、难以超越和不可替代复制的作品，而要视之为有效的备用部分，近看才能注意到，目的是维持和加深之前的印象。如此有意义的装饰构思费时，实施费力，但两者都是值得的，也会得到回报。

180. 图 13A 也许能更好地表达我们的意思，这是慕尼黑一座风格混合的老朽住宅的窗户(我们现在说明这一点是因为下文还会提到它)。它的嵌线宽得奇怪，与飞檐根本不成比例，整体丑陋异常，但效果富于变化。它们四个一组，位于转角处，嵌线彼此相接，两者的宽度加在一起构成了孔隙间的距离，孔隙比两个正方形加在一起还要窄一些。通过改变装饰部分和深度，我们得到了 B 和 C。三种窗户的风格完全不同，分别适合三种类型的居民，幻想型、智慧型和感觉型[2]，都是

〔1〕 例如，我们可以给一位当代的哥特式礼拜堂建筑师一个月的时间和一个供参考的植物园，可以完全确定的是他到期时无法展示出可以与梅尔罗斯和罗斯林礼拜堂柱顶和壁龛相媲美的叶饰。

〔2〕 不过不是现在的顺序。C 是智慧型窗饰，B 是幻想型。

图 13 窗户

很好的范例。如果我们的修改恰到好处，要分辨它们的风格也并非难事，这就留给大家去思索了。A 的特征取决于其装饰部分光线的柔和程度，这部分不能有僵硬的线条；也取决于窗户投影的深度，这种深度是渐进的、不匀的，然而又是显著的。B 应该界线模糊，彼此之间光线过渡平和，不时出现一个鬼脸，投影浅而宽[1]。而雕饰最多的部分应该在阴影中而非阳光下。第三个应该线条僵硬，阴影粗重，装饰简单。

181. 以上暗示足以阐明我们的意思，我们也毋须多言，毕竟本书的主旨是观察而非建议。此外，像表意这么错综复杂的问题，几乎不

〔1〕 一般的习俗是认为某种设计由僵硬的线条构成，而不是由深浅不一的投影组成。尽管这些暗影的位置在一天中也会变化，它们还是相对一致的。它们在没有太阳的强光下最富变化，有太阳时最富表现力。对曲率和特色各异的突起部分的各种投影稍作观察，设计师就可以确定其效果。我们以后会再次提到这个话题。（见《建筑的七盏明灯》，3:13，23）

可能发展出固定的法则。每个人都会有自己的看法,这将引导他的判断,而每双手、每双眼睛,以及具体的感受,甚至每年都不一样。呼应主人性格的问题我们只是开了个头,因为我们认为这对于富有想象力的头脑可能会有所助益,为具体的设计提供了一种引导,比单纯试验无意义的形式,或对已经完善的部分做随意的改动更有把握。针对建筑师的幻想而非研究,梦想而非审慎,我们推荐它,对于这一艺术分支而言,本能胜于规律,灵感超过技艺。别墅建筑与自然景色的一致可以更精准地实现,也需要细致的调研。

我们原打算在本章完结别墅部分。但如今住宅格外重要,人们需要房子甚于城堡,保险箱胜过要塞,碗槽超过地牢,这足以解释我们的延迟。

1838 年 8 月于牛津

六　英国别墅的构造原则

农业区，或曰蓝色区，以及林区，或曰绿色区

182. 在之前研究别墅建筑的章节中，我们考察了别墅与其自然环境相得益彰的范例。我们也提及了在英格兰建造合适的别墅会遇到的各种困难。现在需要把可以作为入门书的构造总则放在一边，继续纠结于总则与我们的计划不一致。特别要注意的障碍是我们之前提及的不同的乡村地貌。这迫使我们应用之前讨论农舍的地形分类来分别研究适用的住宅类型。

183. 首先是蓝色区或曰农业区，也包括城市郊区。那里人烟密集，一般是黑色而非蓝色，但具有我们之前提及的蓝色区的特征。不过我们先不说郊区别墅，首先是因为它们所在的乡村没有不能被打搅的景色，其次是因为它们密集成片，使得它们适用的原则与独立存在的别墅很不一样，我们还需要考虑街景。

184. 除了郊区部分，我们还需区分普通蓝色区与如画蓝色区。前者完全由富庶的平原耕地组成，偶有轻微起伏，整体单调乏味，不过气质愉快，乡间小路的细微之处也很美。后者是高大山脉的山麓，被它们突出的部分所分割，经常出现峭壁和峡谷景观，总有一种幽远之美，山谷和河畔的景色很迷人，是零星分布的“绿色区”。我们在谈论农

舍时未做这样的区分，以它的大小，所能影响到的空间有限。如果是在如画的蓝色区，一定要么位于类似普通蓝色区的单调耕地上，要么位于类似绿色区的峡谷景色中。农舍一般只有一个色彩，如果周围是另一个色彩，便会不合适，因为它的影响力很弱。但别墅影响到的空间往往非常可观，并且是当地的重要景观。所以必须考虑视线所及范围内景色的总体特征和表现，所以区分两种蓝色区就很有必要了。关于第一种，或曰普通蓝色区，我们已经以英格兰南部的大部分地区为例做了说明。关于第二种，或曰如画蓝色区，约克郡北区和东区的耕地，什罗普郡的大部分，兰开夏郡北部，以及坎伯兰郡卡德贝克瀑布以外的部分，都是很好的范例。也许最好的部分是斯特灵以北十二英里，以南、以东、以西三十英里的乡村。

A. 普通蓝色区

185. 前面提到过普通蓝色区的特点是拥有精明务实的气质，活动频繁。这一特质决定了一般的砖墙住宅就可以。在普通蓝色区之外的其他乡村地区，人们难免渴望那些像建造巴别塔一样使用砖材而非石材的建筑师，会像巴别塔的建造者一样陷入混乱。然而在这里，这样做不仅可行，甚至很恰当，原因如下——

186. 砖材的色彩洁净而清新，不易受潮或变色，质地坚固，不像石头容易朽坏，也就不会引发古老衰颓的感觉，表现出的只是享受目前财富的舒适感，而非传承稳固权力的恒久感。所以它非常适合那些活跃而又多变的乡村，当地社区里勤奋工作、创造财富的人们总在彼此赶超，享受着自己努力的回报，将田野、牧场和矿山留给他的接替者，而不会留下更多的记忆和个人活动的痕迹，就像是一只工蜂，蜂蜜的贡献来自集体而非个人。普通蓝色区可被视作全国的餐桌，供给每日所需，本身只有当下的感觉，需要的不是怀旧的器物，而是光鲜、整洁、便利的仆从，能够满足它目前的愿望。所以这一区的房子不应有老旧感：它展现的应该是时下的繁荣、敏捷的动作和四射的活力。频繁而迅速的活动使这里的房子谈不上伟大，也不致衰退。这是这一区适合砖材的第一个原因。

187. 此外，普通蓝色区如果有土地暴露在外，无论是河岸、路边还是耕地，色彩总是非常温暖，不是砂砾就是粘土，黑色的菜地上总会长着菜。这些土壤的暖色调对远处的蓝色是很好的调剂，后者在我们看来是这一区最显著的特征，能制造出对风景来说不可或缺的完美光线。所以砖红色不致过于显眼，因为它与地面的色彩相近，又较好地与远方的色调相异。这是又一个大自然提供的最便捷材质为佳的例子。几乎在所有的蓝色区，我们只需铲走几锹表面的松软土壤，就可以到达粘土层，这是最好的建材。不然我们需要远行数百英里，或深挖几千英尺，来获取大自然不想要也未曾提供的石材。

188. 砖材的另一个优点是它完美的英式体面。一座砖结构建筑丝毫不会显得做作或怪异：可能有些粗糙，也许有点俗气，如果位置不合适的话，甚至令人厌恶。但它不会显得愚蠢，因为它绝无造作。我们也许会觉得它的主人粗鲁或者无知，但不会认为他是纨绔子弟：他没准是莽汉，但不可能是花花公子。如果我们发现他举止失当，我们会觉得那是过失而非无耻，是无知而非自负，是无心而非傲慢。所以砖材的效果特别英式：我们在很多事情上是粗人，对很多事情也很无知，于很多事情缺乏感觉，但我们绝非纨绔。我们中最有天赋的一些年轻

砖屋

绅士竭尽全力才能获得这样一个荣誉头衔。即便如此，这项荣誉对他们来说也不合适：他们只是些笨拙的纨绔。矫揉造作[1]从来不是，以后也不会是英国国民性的一部分。我们有足够的民族自豪感，充分了解自身的尊严和力量，也有足够的自信，所以不会去盲目仿效。因为只有努力让自己看起来是另一个样子，一个人才会变得矫揉造作。确切地说，我们颇有智慧的欧陆邻居们，会在粗鲁的约翰牛（英国人的绰号）面前畏缩，却从不嘲笑他是傻瓜。“它是粗人，但不是愚者。”

---

〔1〕 全国上下有那么一两个有趣的人，把他们的湖边别墅弄得非常做作：但什么样的规律都有例外。而且即使是这些天赋异禀的人士，他们的矫揉造作也很笨拙，好像是丝绒帽戴在了庄稼汉橘红色的头发上，一看就是画蛇添足。因此温德米尔湖区的一位业主给自己修建了带圆塔的城堡形宅邸，并且用瑞士小屋做马厩，仍然获得了“整齐但不俗丽”的称赞。他把屋瓦漆成了豌豆色，把房屋后面的柱石漆成了粉色，好让它们看上去干净些，简直可以用来吓鬼了。这种刻意营造的浪漫，总是有点不符合英国人的性格。

189. 砖屋与英国国民性中的这部分呼应得很好。尽管它无法美丽、优雅、高贵，它也同样无法可笑。它有一种引以为豪的独立，似乎很清楚自己完美的适用性，并很愿意让每个停留其间的人舒舒服服。所以它没有同伴的话会显得奇怪。如果它冒失地把自己愉快的红脸蛋置身灰泥和大理石建筑之中，盯得人家不好意思，那我们就要像对待客厅里的庄稼汉一样，把它从文雅的伙伴中驱除出去。但在它自己的地盘我们不会这样做，正如我们会在庄稼汉的萝卜田里和他聊天一样，只要他可以交谈。

190. 最后一点是砖材非常适合英格兰的气候，也适合英格兰蓝色区常见的污染：烟尘可以让大理石看起来像木炭，灰泥像污泥，但只能让砖材轻微褪色。严酷的气候使得建筑正面的合成材料看上去好像是建筑师恶作剧地从屋顶洒了几桶绿水一样，斯特灵城堡的大理石基座因之沙化，像一直被波浪冲刷一样软弱无力。但砖块对它的狂怒无动于衷，反而变得坚固、干燥、洁净，看起来越发温暖舒适，即使因疏于维护而在裂缝里长了苔藓小花之类，也有一种别样的美，总是让人愉快。潮湿可以轻易侵蚀石材，对砖材却无能为力。它能吸取每一缕阳光的热量，以备将来之用。所以就如同看起来的那样，它尤其适合很少有好天气的气候。

191. 以上是我们对砖材住宅不计其丑的主要原因。但它们只适合普通的蓝色区，即便如此，还要满足以下条件。

首先，砖的色彩既不能是白色，也不能是深红色。白色非常糟糕：它冷漠、生硬、易变的色彩不够温暖，无法调剂周围的色彩，也没有足够的灰色与之相和。阴天里它不能以温暖悦目，灼热的阳光下则会刺目。砖材所能有的良好效果，它一概没有，却不乏粗俗，总体而言令人厌恶。而非常刺眼的红色是艺术中最难看的暖色调之一：没有任何东西能够调和它，潮湿也包括在内，那种难以忍受又无法躲避的炫目，足以毁掉周围的气氛。最合适的是中等深色、不算太红的砖材，一两年以后，在空气的影响下还会进一步褪色，并且拥有我们列出的一切优点。几乎用不着指出它适合潮湿的环境，不仅是保障居住者舒适度的最佳材料，还因为它很快会由于微小的植被而有一种柔和的色调，剩余的砖红色只够让人们在寒冷的天气中感到愉快。

192. 其次，即便是这种红色，色彩也很鲜明，当与其他原有色彩组合时，只需一点即可完成景色构造上的一切目的，再多就不协调了。所以砖材不能用于建筑群，不能用来构成风景的主要部分：有树荫遮蔽的两三间房子是上限。最煞风景的是较大的市镇全部都是很红的砖屋，瓦片是深红色，烟囱很高，树很少。而与一般的英格兰风景最为般配的建筑之一，就是古老高大、独立存在的砖结构庄园宅第，前面的草坪上矗立着一组深色的雪松，高大的铁门正对着入口处的大道。

193. 再次，不能有屋角石或出现任何对比色。屋角石总体而言（顺便说一句，格拉斯哥旧市政厅以及苏格兰其他一些古建筑的屋角石就设计得不错）只能用于塑造有力的外表，它们单调的锯齿如果被不同的色彩突出出来，便会十分难看。白色的飞檐、壁龛以及其他石头和灰泥制成的浮夸饰物，只能嘲弄建筑师的无能，影响建筑整体的表现力，将砖红色衬托得突兀刺眼，自身也因孤立而可笑。另外这其实是一条总则，即所有建筑都应该避免使用大面积的对比色，特别是正面以及难驾驭的色彩。很难推断给砖结构建筑增加石材装饰的习俗从何而来，也许是对意大利混合大理石和灰泥风俗的模仿，但这样的理由并不充分，因为大理石雕仅以其锐利的边缘而突出于其他建材。荷兰人似乎是这一风俗的始作俑者。再提一句，如果没记错的话，鲁本斯[1]的一幅风景画（目前大概藏于慕尼黑）是现存最佳的着色范例之一，画家用砖檐搭配白色的屋角石，似乎有点不入流。但事实是他选择这样的题材，部分是出于居家的感受，一般认为他所绘的是自家的房子，部分是一种练习，使用格外有挑战性的色彩，只有作为着色之王的他才能驾驭的色彩，从中获得一种胜利的快感。他曾经在轮廓分明的建筑上协调了最大胆的着色和最尖锐的对比，并将之置于如洗的碧空下（属于普通蓝色区），堪称绘画的一大奇观。所以这样的杰作并不能说明问题，因为类似操作尽管可以为阿姆斯特丹的货栈增色，却只适合底部是淤泥、内部存放奶酪的地方——正如卡拉瓦乔[2]笔下的恶棍不能导人向善一样。我们会有机会再提到这一议题，在讨论荷兰式街景的时候。

194. 最后，如果房子建得极为简约实用，将会与蓝色区精明务实的氛围最相称。但如果它比较高大，上层的窗户最好加一点装饰。这些装饰的线型应该谦逊朴素，并且直接刻在砖块上面。撒丁王国[3]首都一些次要街道上全是砖房，雕饰繁复，效果出众，堪为典范。当然精美的装饰不可取，古典主义线型也不适宜，因为在砖材上看到大理石上才有的装饰，未免令人惊恐。建筑师只能依靠个人品位谨小慎微地加上一点比例匀称的装饰线条，不能再多了。

---

〔1〕 鲁本斯（1577—1640），比利时画家，巴洛克美术代表人物。——译注

〔2〕 卡拉瓦乔（1571—1610），意大利画家，属于巴洛克画派，作品题材如同其人生一样充满争议。——译注

〔3〕 撒丁王国（1720—1861），19 世纪中期意大利境内唯一独立的封建王国，也是意大利统一的基础，位于现在的意大利西北部。——译注

195. 以上是普通蓝色区需要注意的全部原则：朴素就好。而建筑师只要将舒适和便利牢记心中，避免一时的心血来潮，就不用担心犯错。

B. 如画蓝色区

196. 如画蓝色区的情形完全不同[1]。由于之前提到过的原因，这里具有一些乡村所能拥有的最崇高的风景特征。它最显著的特征是优雅，到处是起伏不定的线条，一条曲线精致柔和地与另外一条相接，逐渐融合成远方模糊不清、深浅各异的轮廓，但是一点也不生硬，而且很可能会在附近形成局部覆盖着林木的小丘，下面是曲折的幽谷或陡峭的峡谷，彼此相连，没有边角。

197. 它的另一个特征是神秘。这种地形的显著特征是远处的宏伟庄严感十分吸引人，前景中完全无法看出它们的本质。如果从顶峰看山脉，也许不乏庄严，但没有看到它从远方的蓝色雾霭中升起的那种神秘感。近处的一切都柔和愉悦，和地平线上的那团云雾截然不同。如画蓝色区的地形决定了它会拥有这样的远景，所以总是有种缥缈的神秘感。

198. 第三个也是最后一个显著特征是感官享受。这个词有点惊人，需要做些解释。首先每条线都很撩人，有着波浪起伏的外观。色彩精致柔软而又浓墨重彩。景色像舒缓的民歌般令人昏昏欲睡，像云彩一样柔和宜目，也没有鲜明的对比。其次，普通蓝色区庄稼遍布的平整耕地，在这里似乎自然而然地繁茂起来，很令人愉快。大地上一片生机，

---

〔1〕 我们希望不用提示，离开普通蓝色区意味着一劳永逸地离开了砖结构建筑，再也没有它们适合的领地了。

尤其使人喜悦。而且没有会让人想到日常事务的人工景观，没有任何引发反感的力量，没有使人相形见绌的辽阔，没有催人奋进的崇高庄严，却有种种诱人享受的好处，而且自然的赐予是如此之慷慨，似乎享受也没什么不可以，大地看来就像一片乐园，明媚的山峦没有深渊或悬崖，蜿蜒的河流没有暗礁或险滩，丰饶的土地没有人工雕琢的痕迹，视觉和感官无比愉悦，身体懒散舒适，精神无所畏惧。山区的景色目不暇接，普通蓝色区则过于单调：唯有在这里，大自然令人心醉，充满感官享受。

199．以上原因足以解释我们为什么使用感官享受一词。现在把三个显著特征放在一起，神秘、优雅、撩人，总体特征是什么？很接近于——希腊式：因为以上特征遍布如画蓝色区，因具体的气候而有不同程度的表现。在英格兰这些特征都不够明显，但如果我们向南走，撩人的感觉会加深，大地和天空的色彩也会更加纯净热烈，伴着"深紫色的海洋"。神秘感也在加强，因为我们在接近一种更为博大的壮美，神秘升华为崇高，而不会引发恐惧。因此我们获得了希腊式感觉的精华，这体现在它们最佳的意象中，展示在它们的雕塑家和诗人的作品中，其间感觉几乎与思维一样重要，却又被总体的高贵所藐视。撩人、优雅、梦幻、神秘合而为一，美丽无比。看来这种蓝色区的灵魂本质上是希腊式的，尽管在英格兰和其他北方地区强度有所减弱。这里也是别墅的天然领地，拥有一切吸引罗马人闲暇时间里在台伯河两岸回声岬角上架起轻巧拱门的因素。这里尤其宜于带给人快乐的建筑，所以别墅的点缀再合适不过。

200．因此，每一个想拥有别墅的人都应该把目光投向这样的区域。首先是因为他将不会成为一个入侵者。其次是因为在他的目光习惯了当地的景色之后，这最有可能给他带来深入持久的愉悦，对于一般的人类精神来说，重复的山景未免乏味，林地景观也过于单调，普通蓝色区更是非常无趣。强有力的心智能够从山居中获得持续的快乐，但一般的精神很快就会感到忧郁无聊引发的压抑，并因此而羞愧。我们听到多情的绅士们开始谈论对同伴的渴望，其实如果动物生活在他们强迫自己居住的地方，它们所需的同伴不过是灰色石头或一潭清泉。另一方面，很少有精神低级到不觉得如画的蓝色区比其他类型的乡村更令人愉悦。宽广的视野使人心旷神怡，近景比山景更富于人间的乐趣，也更符合人所共有的家的感觉。所以总体而言，它比其他任何景观都更能做到美感常新，百看不厌。

201. 由于它如此吸引人居住，不煞风景就成了一件大事。特别是这里作为别墅的天然领地，建筑师自由发挥的余地很大。

它的灵魂已被证明是希腊式的，因此尽管这一点在不列颠表现得不甚明显，优秀的建筑师也不屑移植，希腊和罗马的典范别墅仍然可取。而且由于蓝色区总是活动频繁，也仍需考虑实用原则，建筑应在外观非常优雅的基础上，尽量简约。从谈论意大利别墅时提到的构造原则来看，方正厚重的外形最适合波浪起伏的地形。曲线较为细碎的地方，建筑应该低而平，不过可以小心地加上一点不规则的设计，以免显得怪异，无论居住者还是旁观者都会感到舒服。例如根据温度或用途适当改变卧室的朝向和大小，只要别让两翼的房间快要连上了就好。

202. 色彩方面，我们已经指出白色或灰白色适合全部蓝色区：但必须有一些温暖在其中——寒冷的远景中，灰色既不舒服，也没有用，但也不能耀眼刺目[1]。屋顶和烟囱应该尽量在视线之外，前者很平直，

---

〔1〕 顺便说一下，用“刺目”来形容有点模糊，需要解释。凡是完全不透明、组成部分又不包括三原色的色彩都是刺眼的。所以黑色总是很刺眼，因为它不包括任何色

后者很普通。我们应该复兴用粗糙的大理石薄板做屋顶瓦片的希腊习惯。不过如果建筑师有一定的景深，建筑周围的树也不多，建筑本身的地势并不低，他可以勇敢地采用有深色意大利瓦片的平屋顶。唯一可见的飞檐将会非常优雅，而要避免鲜明的色彩对比（因为这种瓦片只能搭配白墙），可以让飞檐投下长长的影子，并让墙壁延伸成一排低矮的阁楼窗户，来打破屋顶过于平直的线条。这样他就用上了一点浓烈的色彩，赋予了建筑一种愉悦感，如果处理得当，也不会显得刺眼或突兀。但要注意的是，他只能对最普通的别墅这么做，通常他的雇主也不见得能容忍瓦片屋顶。在这种情况下，上石灰岩（硬质岩石）制成的平板通常比板岩要好。

203. 对其余的部分应该牢记，建筑的整体气质应该是优雅的简约，并且用实用来代替傲慢[1]，区别于意式建筑的简约。所以建筑一定不能是哥特式或伊丽莎白式：可以是业主喜欢的普通的风格，只要比例匀称。但绝不能出现锐角或修饰的尖塔——两者都势必打扰周围起伏

彩。白色就不会，因为它是所有色彩组合而成的。透明的色彩不会刺眼，不透明性也可以消除，如增加深度和透明度，就像天空那样；或者增加亮度和密度，就像丝绒那样；或者增加明暗对比，就像森林那样。两个例子就足以证明这一点。砖刚刚出炉的时候，色彩总是刺眼。但经过了一些风吹雨打之后，就有了一点轻微的蓝色，伴随着砂浆的灰色，新生的植被还增添了一点黄色。因此它获得了三种色彩的混合效果，不再刺眼了。老妇人的红色斗篷尽管炫目，却不刺眼。因为它一定会有折叠的阴影，这些阴影是深灰色，而灰色总是含有黄色和蓝色。这样我们就有了三种色彩，不再刺眼了。但要注意的是，如果其中一种色彩过浅，被光线的效果盖过，合在一起的色彩如果不透明的话，就会刺眼。因此很多肉色反而刺眼，因为尽管它们的构成中多少有一点蓝色，但在强光下显现不出来。

〔1〕　在英格兰的如画蓝色区筑屋总会遇到些困难，因为英国的国民性与之相反：既不优雅，也不神秘，亦不撩人。因此区域性越强，民族性就越弱，反之亦然。

的景观在视觉层面的宁静。整齐匀称的塔形和城堡形外观也可以，但我们不想多谈，因为看到我们很多和蔼的老绅士，一生中从未闻到过火药味，每天早上在一个光秃秃的圆塔里吃松饼，在二十六门加农炮的射程范围内带老妪参加茶会，幸好大炮都是些木头，因为它们多半很可怕地正对着客厅的窗户，室内还有很多瓷器，实在没有比这更荒唐可笑的事情了。

不列颠的蓝色区就说这么多，花些时间还是必要的，毕竟占据了岛国相当的面积，而且尤其适合建造别墅。

C. 林区或绿色区

204. 下一个要说的是林区，或曰绿色区。之前也有提及，并且阐明是我国特有的。指出伊丽莎白式建筑是其专属，等到讨论有防御功能的住宅时再做置评。因此现在我们只需对当前修建伊丽莎白式别墅要注意的原则稍作评论。

205. 首先，建筑的装饰要么非常朴素，要么特别繁复。装饰部分的丝毫不足都会导致整体效果的匮乏可笑。因此，建筑师如果发挥的余地有限，应该果断地简化凸窗，凿出华丽的中梃，在各种竖线上展示精致美丽的手工艺。但如果他发挥的空间很大，他应该装饰得繁复些，同时避免眼花缭乱。

而那些最重要也最容易被注意到的部分，必须要经得住仔细的推敲，视觉上要令人满意。但其效果也不能过于抢眼，因为这样一来，外形和细节加在一起的吸引力，会令视线局限于显眼的部分，而无法对整体效果留下任何印象。

因此那些突出、明亮的部分必须精雕细琢，上面的装饰尽管可能并不引人注目，但一旦注意到就显得美丽出众。而那些平直、黯淡的部分则应该装饰得锐利醒目，以求平衡。

如有凸窗，由于它们十分显眼，我们可以在竖框上添加最好的花饰，底部采用精巧的四分盾饰。但窗户与墙相接的阴影部分的装饰则应该深而明显。

206. 其次，在装饰的选择和设计上，建筑师努力的方向应该是怪异而非优雅（尽管适当添加一点柔和的花饰会是很好的调剂）：但他表达怪异的方式不能是雕刻洞做眼睛、球做鼻子的鬼脸。正相反，如果他要制造怪诞的效果，就应该有机智幽默的形象、欢快活泼的姿态。失真要符合解剖学特征，怪物要经过精心的设计。不过，这个问题主要与哥特式建筑有关，所以我们现在不多做探讨[1]。

207. 再次，山墙一定不能是一系列的直角，好像人们总要跑上跑下似的。这一习惯尽管得到了权威的准许，本身却不大站得住脚，无论采用何种构造原则。它偶尔可以用于街景，或者是下面的竖线并无装饰的时候，甚至可以用于单独的伊丽莎白式建筑，但下面有装饰的话就不行。它们应该是曲线，有两到三个倾角，没有尖塔或戗脊饰。在中间部分中空的护栏比雉堞墙要好得多，后者根本不应该出现，除非建筑看起来有防御的功能，那样又完全不适合别墅了。而护栏可以制造出各种各样的效果。

208. 最后，尽管伊丽莎白式建筑的怪异风格适合林区，经常与之相伴的修剪怪异的花园却不适合。把树木修剪成各种夸张形状的风气

---

〔1〕 见《威尼斯的石头》，第三卷第三章。

杜鹃花

很不应该: 第一它永远制造不出真正的怪异,因为材料本身是有生命的,这样就有了一种束缚感，而怪异的首要原则是活泼。也因为我们很了解这两种彼此抵消的天性，植物无法被修剪成动物的形状。也因为叶子的美丽是植物生机活力的体现，匀称的修剪反而会使它失去这种活力。还因为真正的活泼或优美，不可能出自园丁之手。不过这个话题不用谈太多，因为目前公众的品位已不至于如此束缚自由，个别花园里还可见到典型的遗迹，如果它们全部消失的话，其实和再度流行起来一样令人遗憾。

209. 因此伊丽莎白式别墅的花园应该在靠近房屋的地方铺设几级简单的阶梯，园中高大树木的投影均匀地撒在边缘的矮墙上。矮墙应该是方形而非圆形，向外突出。如果矮墙的拐角处略显单调，可在其上放置任何一种怪异的雕塑，但它的线条必须深刻有力，也不能太大。高雅的雕塑一定要避免，原因在谈论意大利别墅的时候已经提到过了:

三色堇

野生紫罗兰

花园中的阶梯不能延伸得离房屋太远，也不应该有陡峭的台阶，因为它们肯定会因苔藓而湿滑，除非精心维护。花园的其余部分应该以树为主，而不是花。种满花朵的庭园很难看，即使打理得很好也不行：它是一群不幸生物的集合，被病态地培育，刻意超出正常大小，经由邪恶的杂交堕落成混乱而难看的色彩，从它们深深挚爱并且赋予灵魂、为之增色的土地上被拔出来，在陌生的土壤和有毒的空气里彼此闪耀着杂乱失调的精华，度过痛苦的一生。

210. 花匠也许喜欢这样：真正的爱花人从来不会。了解大自然的人、观察过花朵真正的生长方式和目的的人，会知道它们是如何破土而出，就好像旋律从拨动的琴弦上涌出；会知道那种原初的苍白色是怎样消退，就像是情感丰富的证明；会知道它们生机活力的火焰怎样在绿色的堤岸上闪耀，那里露水厚重，叶片的微光笼罩在香雾中，缠绕的根系让大地都因它们的活动而快乐地颤抖。看到过这些的人，永远不会夺走它们的生命之美来制造俗气的炫目或病态的生存。而种满花朵的庭园既难看又不自然，它和一切都不和谐，如果一定要有的话，人们也不应该在走进去之前看到它。

211. 然而，若要花园增强建筑的效果，我们必须观察并仅仅使用花朵的自然组合[1]。不难看出，蓝紫色是大自然唯一用于大面积远景

〔1〕 任何一个想在有限的花园种上无限的花朵的人，都应该认真阅读学习雪莱，然后是莎士比亚。后者实际上建立了整个欧洲文学中所能找到的花朵与精神的最佳联系，但他经常使用花朵的象征意义，这些只有受过良好教育的人才能明白，一般人只能看到花朵的自然和真实属性。所以当奥菲利娅拿着她的野花说“这是表示记忆的迷迭香；爱人，请你记着吧：这是表示思想的三色堇”时，文本的无尽之美完全取决于花朵附带的无尽含义。但当雪莱这样说的时候：

“溪谷的百合，

的花朵色彩。但对于大部分的石楠丛，她还配上高山玫瑰杜鹃花，有时则是冷色调的蓝绵枣。与此相应，杜鹃花可以大面积使用，浅色彩的玫瑰少量使用。而在草地上可以随机种一些野生紫罗兰和三色堇，带来色彩的起伏变化，并用少量的樱草来调剂。各种大丽菊、郁金香、毛茛以及所有花店里卖的花，都应该像大蒜一样予以避免。

212. 也许在《建筑学杂志》上介绍这些不太合适，但并非不着边际：花园几乎是伊丽莎白式别墅的必备附件，而所有的花园式建筑如果没有植物来增强效果就毫无用处。

以上是蓝色区和绿色区建筑需要注意的几项重要原则。不列颠的荒原或曰灰色区从来不是别墅的选址，所以我们只需对不列颠山区或曰棕色区的别墅建筑稍作置评，这一议题很有趣、很重要，也颇有难度。

苍白的激情，青春的馥郁，

透过其娇嫩、绿色的蓬顶

颤颤的花冠预示着光明。”

他只不过是升华了精神从花朵那里自然得来的印象。由于只有花朵的自然属性能够通过眼睛作用于精神，我们必须阅读雪莱，以学习如何使用花朵。也要阅读莎士比亚，以学会爱上他们。在两位作家那里我们都发现野花也拥有了灵魂，而且它们的属性被精妙融合，好像是浑然天成的旋律，奏出了人类情感中最深沉隐秘的心曲。

七　英国别墅的构造原则（续）

D. 山区，或曰棕色区

“山间农舍，知足常乐。”——尤维纳利斯（14：179）

213. 在（巴黎的）意大利大道与宁境街交界处，几棵枯萎忧郁的树旁边是一道干涸的沟渠，底部有所铺砌，使得马车不那么容易陷进去，并且（以平常的方式）通向一座庞大乏味房子的首层，它的走廊阴暗狭窄，房间不是很大，窗户俯瞰着之前提到的忧郁的树木。

这是一位意大利贵族的市区住所，他的乡间住所被视为科莫湖畔别墅的典范。但尽管那栋别墅占据着极好的地理位置，无论山景、水景还是远景都绝佳，本身也是非常富丽堂皇令人愉快的住所，它的主人却很少驾临。一种截然不同的吸引力把他每个冬天都留在意大利大道的阴暗房间里。

214. 一般的旅行者不免要感到奇怪，从法国首都的尘土和高温到意大利湖区的明朗清凉，高广的大理石房间和橘园足以让人乐不思蜀，而它们真正的主人竟对此不屑一顾、任其荒废。但如果他在这样的房

马焦雷湖

子里住上一年，到结束的时候也就不会有什么好奇怪的了。上述那位贵族的思维与常人无异，而由于众所周知的原因，一组崇高庄严的意象如果接连不断地作用于精神，会逐渐熄灭想象、磨灭感觉，最终导致一种黑暗病态的精神状况，它是一种格外忧郁的性格特征的反应，起因不是缺失了曾经引发兴奋的因素，而是它的力量完全失效了[1]。不是所有人都如此，对于那些面对一成不变的景色能始终感到庄严的人，我们什么也不用做，因为他们比任何建筑师都更了解应该如何为自己选址，如何为之增色，我们只需提醒他们在建造之前要注意思考，并把自己的幽默置于理性的控制下。

---

〔1〕 对照《现代画家》第三卷第十章第 15 节。

215. 然而本书思考的对象不是他们，而是一般的普通人。后者对于山区没有多少地方适合建立永久居所这一点，也不会感到吃惊。人能够凭着一种本能感觉到这些，并且避开过于险峻的山景，而选择更有人情味的部分。因此我们发现日内瓦湖北侧从莱维到日内瓦一带，尽管和欧洲其他的葡萄种植区一样单调，却布满了别墅。而南侧的景色虽然和瑞士其他地区一样优美，却好像只有两座别墅。在这里本能确实存在，但我们也发现它常常犯错误。因为科莫湖是半个意大利的度假胜地，而马焦雷湖除了博罗梅安群岛之外几乎没有一座显赫的别墅。其实马焦雷湖远比科莫湖要适宜制造和维持愉悦感。

216. 所以建筑师在山区要做的第一件事是让雇主从英雄主义转向日常生活，让他明白像普林尼[1]那样整个身心都属于大自然的人，把居所建在400英尺高处的瀑布下面似乎很合适，英国绅士却不宜这样偭规越矩。为了自己和他人的舒适，他应该住在自己选中的风景中最安静、最不起眼的角落里。

217. 搞定雇主之后，建筑师有两点需要考虑。第一点是哪里损害最少，第二点是哪里获益最多。

损害风景的方式有两种：损毁它外在的联系或者内在的美。对第一种胡来我们无须做什么，因为无法在大范围内实施。即使有这种可能，任何受过教育的人也做不出这种事。一个人只要还把自己当作人类的一员，就不会在吕特利的草地上、拉赫叶森特的田野上、卡特琳湖的孤岛上盖房子。第二种胡来的不正当性我们已经谈论过，本章的目的

---

〔1〕 本段似乎在说科莫湖的普林尼亚别墅是普林尼所建。其实它是文艺复兴时期一位贵族收藏家的作品，只是用这位伟大的博物学家命名，他可能出生在科莫，并提到过这一带的一眼潮汐泉。

阿尔卑斯山

是讲述如何避免，同时总结出应对第二个问题的原则，即如何确保固定的风景能够引发持久的愉悦。

218. 非常幸运的是，几项研究的结果大同小异。那些使人愉快的居所，位置也绝不会构成冒犯。因此追求我们自身便利的最佳方式，说到底是一开始就考虑旁观者的感受〔1〕。关于选址的首要原则就是千万不要在贫瘠的土地上修建别墅。仅仅能在好的季节里收获一点可怜的燕麦或芜菁是不够的，必须是能促进万物生长的丰饶土地〔2〕。因

---

〔1〕 例如，一位业主向周围三英里范围内的山景挑战，有意将住所置于显眼之处。遭受的惩罚是无论哪个方向吹来的风，都会刮下来一些厚玻璃板。另一个人在峭壁下面筑屋，不仅破坏了峭壁的风景，还在第一个霜冻的夜晚被两三吨落石击穿了屋顶。还有人把房子建在湖畔岬角柔软而长满青草的斜坡上，结果洪水一来冲走了他的厨师。我们也不记得曾经见过哪座煞风景的住宅，让我们有想要住进去的感觉。

〔2〕 我们不是按照人类的标准来判断最有益植物的气候的。按照化学原则，贫瘠土地上凉爽的清风最有益于健康，实际上也是如此，只要不总是被风吹着。但有利植物生长的空气却通常不很利于居住者的健康。

为享受性建筑最主要的特征[1]即是，也必须是完全的宽裕和愉快的休憩。所以附近的地貌不能让人想起迫于生计的劳动，不能制造美和愉悦的土地也不行。只能是那种物产丰足、天然适合人类享受的土地，不能是崎岖不平、艰难维生的环境。艰辛中不无高贵，但对别墅的主人来说并非如此，这一点也不自然，有损别墅的效果。荒原上逼仄的农舍，或者阿尔卑斯山顶坚固的旅舍，都体现出了饱含耐力的高贵。但别墅的主人倘若如此，引发的就不是钦佩，而是同情了。他应该突出造物主所赐的美好丰盛，而非展现人类的尊严。应该突出人类如何享受自然的慷慨，而非如何用英雄主义嘲弄自然的严苛。

219. 这一立场一旦确定，便可以省去很多麻烦。十分之九的山景都因为完全不适合别墅建筑而被排除了。荒凉多雾的山坡被《威弗利》的作者描述成丛林般的存在，应该首先予以排除。同样不能通过的是苏格兰高地和威尔士北部那种较小山脉的严峻景观。阿尔卑斯山脉和亚平宁山脉宏伟庄严的景色也要放到一边。那我们还剩下些什么？湖畔和缓的斜坡，各种景色的幽谷延伸出来的部分。我国的坎伯兰湖区沿岸以土地富饶闻名，尽管只体现在细腻柔软的牧场以及起伏温和的地势上，已足以排除在我们广阔的否决范围之外。

220. 由于我们只需考虑现阶段的英国，我们将格外关注坎伯兰湖区，因为总体而言它们是唯一适合别墅建筑的山区，也因为其他地区适合别墅建筑的景色，风格气质都与它们相似。

我们在谈论威斯特摩兰郡农舍的时候，对山间漫步时感受到的谦卑印象深刻。若要一座大型别墅不去搅扰这种必然而又美丽的印象几

---

〔1〕 我们希望英语能够长期保持这一夸张但有力的最高级词汇。

乎是无论如何不可能的事，特别是风景本身尺度不大的时候。我们将会看到，这一不利因素可通过建筑的简约在某种程度上消除，但还存在另外一个难以避免的比例问题。

221. 当庞大成为一个物体的有利因素时，如果它在经验丰富的人看来没有实际上那么大，我们应该在它旁边放置一些物体，它们的尺寸要比我们习惯的大一些才能令人满意，因为看到这些较大的物体与巨大的物体之间比例匀称，这是我们习惯的，而我们又知道前者实际上比我们习惯的要大，我们就会知道巨大的物体到底有多大了。但如果物体给经验丰富的人留下的印象就是它的实际大小，那么用来比较的较小物体无论比其正常尺寸大还是小，都有害无益。如果物体给人的感觉比实际要大，我们必须让较小的物体比正常情况要小一些，以求平衡。

222. 而15000英尺的高峰看起来难免要矮一些，因此近旁的建筑越大越好。所以在瑞士农舍部分，不难看出圣彼得大教堂规模的建筑，在同一地点更能如实体现山势的巍峨。7000英尺的高峰如其所视，不会造成错觉，因此近旁的建筑正常大小即可。所以科莫湖的别墅群由于周围的山峰高度在6000到8000英尺，十分相称，不大也不小。但3000英尺的山峰总是看起来比实际要高[1]，因此附近的建筑应该小

---

[1] 以上三点结论比较重要，需要确认。不难发现对高度判断缺乏经验的人总是低估实际的高度，但这并不影响之前的论点，因为山峰越高，错觉也越严重，这一点同样众所周知。但对山峰高度判断很有经验的人来说，尽管在技术层面结果是可靠的，感官印象总是会有冲突，中等高度的山峰除外。在我们自己的国家，斯基多峰、卡尔艾德斯山、本弗宁山的庄严总是让我们感到敬畏。而在瑞士，抛开具体的外观和色彩不谈，乍看上去的高度总不及实际高度（除非是在十分难得的特殊情况下），这一点不免令人气恼。不久前的一天，我站在布雷旺的斜坡上，下面是切莫尼山谷的修道院，旁边的同

一些。这就是物体相称的含义，即应用最能展现两者最佳特点的比例。要传达的不是实际形象，而是两者合在一起的最佳效果：建筑的风头不能完全被高大的山峰盖过，峭壁也不能被农舍的庄严所嘲弄。（色彩的相称是很不一样的另外一个问题，仅仅取决于混合及组合。）

223. 由于以上原因，英国湖区的大型建筑无疑很煞风景：首先是因为它们显著缩小了周围的视觉高度，其次是因为不管它们位于何处，都无法与周围的风景融合，而是风头盖过它们。因为一切景色都可以被分隔开来，每个有一点美丽之处，长着地衣的峭壁岬角、草皮覆盖的平缓丘陵，诸如此类。而大型别墅不管在哪里，都会完全占去一处美丽的风景，其他本该与之组合的峭壁或树林则会屈服于它，消失在其总体效果中。而那通常是种难看的总体效果。这种事情不该有：无论建筑自身是何其美丽，它都应该辅助而非取代，陪伴而非凌驾，显现而非入侵。

224. 决定尺寸的总则是选取不会盖过两百码之内任何外形优美物体的最大尺寸，倘若能做到这一点，我们便可以确定对远景来说也不会太大：因为大自然最美观的调节之一，便是她自身从不会失衡。也就是说，最宏伟景观的细部与次宏伟景观同一种类的细部的比例，与两者主要部分的比例一致。矿物学家都知道圣高德峰的石英晶体与斯诺登峰的石英晶体之比，正是两者峰顶的高度之比。而安第斯山脉的晶体比两者

伴经常攀登苏格兰高地山区，但不熟悉阿尔卑斯山。我指着波颂冰川顶部的一块岩石，问他觉得那里有多高。“让我想想，”他答道，“我两步就可以爬上去。但我是懂行的人，不会那么容易上当，至少有 40 英尺吧。”实际的高度是 470 英尺。产生这种错觉的原因是多方面的（不包括能见度的问题），此处无需多谈，但主要的原因在于觉得同样角度的物体也具有同样高度的自然倾向。我们说的是感觉而非视觉，因为视觉经验不会欺骗我们，而相应的精神感受却不然。

都大[1]。画家都知道以阿尔卑斯山为前景的石头和溪流，与以坎伯兰郡为前景的石头和溪流的尺寸之比，与少女峰和斯基多峰的高度之比相等。因此，一旦处理好了乡村地区的近景，我们就不必担心远景。

225. 出于以上原因，农舍式别墅，而不是大宅，会更适合我国的山地。这在很多地方成为了现实，但结果却常常不太好，原因是农舍式别墅非常容易流于荒诞。对称、均衡以及一定程度的简洁，大型建筑一般都会顾及,但建筑师时常认为他可以在小型建筑上做各种试验，随意把草稿簿上的各种仿制胡乱拼凑在一起，好像是糟糕的化学家随机混合各种元素，他也许会碰巧得到一些新东西，然而十倍的几率是得到废物。但化学家相比建筑师是无罪的，因为如果实验失败，他会把废品掷出窗外，而后者却认为他的把戏值得保留。这类建筑一切失误的主要原因是，一味仿效尽管极为愚蠢有害，却可能是人类精神和行为上最本能的选择[2]。如能彻底排除，农舍式别墅就会成为风景中

---

〔1〕 这是一个相当大胆的论断，若说这是客观规律，未免令人遗憾。但几乎所有罕见矿物的晶体尺寸都与所在山脉的尺寸成正比，并且与山脉形成的时期无关，例如勃朗峰形成的年代晚于我国的门迪普峰。

〔2〕 我们在 166 节提到非专业设计最易出现此类错误，我们也探究了这种错误的根本原因，是以兴之所至而非真实本色为导向所致。但我们尚未充分说明这一根本原因运作的方式，即热衷模仿。模仿并不意味着精确复制，也不意味着模拟某种模式创造者的感觉，而意味着将原有素材重新组合的中间步骤。建筑师也许不屑完全复制，但国家不必如此。因为一种风格起源的时代环境一旦逝去，任何这种风格的作品必定无法成功，除非是复制品。今天若要修建希腊式建筑不免十分可笑，不相信希腊神话的人，不会想这样做或能这样做。而且对严格精确复制的任何悖离，都会是错误。但我们也应该有几幢希腊式建筑，就像对最有价值的记录保存复印件一样，建一座新的帕特农神庙也比修复旧的要好。就让雅典卫城的废墟永远尘封，让它们成为我们接受精神洗礼而非技术定理的所在，探头探脑的木匠的规和矩，不该出现在世间的宁静神圣之地。在其他地方，

美丽又有趣的元素了。

226. 大小就说这么多。位置的问题不用耽搁我们太长时间，第104节总结的原则适用范围很广，但也存在一个例外。在英格兰，别墅周围的环境虽然很美丽平和，但通常并不引人注目。在意大利，业主祖先的生活赋予了景色一种宏伟的感觉，居所也自有高贵庄严在其中，用不着刻意避开人们的视线，而这份高调也有足够的威严，不至

我们可以建立大理石模型以教化国民的心智和眼光，但认为希腊式建筑可以适合西欧人是毫无意义的。这种事过去没有，将来也不会有。看到玛德莲教堂这样的建筑，着实令人愉快：它很美，因为是精确复制的产物。也有用，因为对路人是很好的一课。但我们不能去考虑它的目的，它完全不适合基督教仪式，如果它的希腊风格和我们的国家美术馆一样糟，那它也会一样不协调。

我国建筑师的主要问题在于，他们误以为拙劣的希腊风格就是好的英式风格。因此我们希望复制能更加流行一些。但对哥特式、提洛尔式、威尼斯式的竭力模仿却毫无哥特或威尼斯精神气质，将建筑弄脏以示古旧、涂抹以增加尊贵、锯齿化以显圣洁、劈开以见猛烈，但如果建筑的外形既不古旧也不高贵，内核既不神圣也不大气，这些都是白费力气。这是我们时代的恶习，根植于可鄙的快感和可悲的效仿中，仿佛人类的理性和头脑比猫和猴好不了多少。

如果英国人缺乏想象力，就不应鄙视平庸。或者说他们应该懂得贫困无法通过行乞来掩盖，平和的独立却可以不失高贵。除非我们的人民都能明白这门艺术和其他艺术一样，必须实事求是，我们的民族建筑才能有所改进。谄媚的肖像画家会给愚蠢粗俗的顾客画上猩红色的军服或者倒翻的衣领，但这些没法把学徒变得像军人，或把傻瓜变得像诗人，而诺曼墙垛或维罗那阳台这样的建筑附件也一样无效，除非它们能把店主变成贵族，女学生变成朱丽叶。就让国民性在自身的特质中升华，它的构思自然会趋于纯粹。让它所欲求的简单一些，它的理念自然会出众。让它的感受谦逊一些，它就不会在石材上显现出傲慢。对于建筑师和雇主来说，只有一条真理，做事要自然而然，对物的审美和对人的审美一样，不能以多变的矫饰为美，而要以生机的展现为美。（这一段明显是为罗斯金先生的艺术教育做铺垫，可与《建筑的七盏明灯》进行对照。）

于成为一种冒犯。但英国风景的灵魂是简约柔和的田园牧歌，非常低调（因为苏格兰高地和威尔士那些有荣耀回忆的土地几乎都不适合别墅居所）。因此，一切刻意展现居住者财富的行为都成了卖弄而非尊贵，冒失而非高傲。这里的建筑只需展现出文明国家当前文质彬彬的繁荣昌盛之美。半退隐的位置也无损业主窗前的美景和持久的享受。

227. 首先，唯一重要的是从起居室里看到的景观。这样的论断看似绝对，但稍作思考便会明了。卧室里能看到一点美景固然令人愉快，但这只能让绅士们在修面时分散注意力从而弄伤自己，而女士们在更衣时也丝毫不会考虑窗外的景色。然后是餐厅，这里的窗户完全没用，因为在日光下就餐并不舒服，而为就餐仪式服务的家具的效果则让餐厅不适合作为客厅。在书房人们有比往窗外看更要紧的事情可做。在休息室里，窗外的景色也许有助于调剂晚餐前无所事事的一刻钟。但当一个人辛劳一日又饿着肚子的时候，身体谈不上舒适，精神也不愉快，这时面对再美好的风景也提不起兴致来。然而在起居室里我们见到的是晨露中的第一缕阳光，呼吸的是早上的新鲜空气，看到的一切都是新的。这些让我们舒展筋骨、振奋精神，从夜晚和神秘、模糊、迟滞的梦境中醒来，获得每日的新生，为存在之美所震撼，意识到人生的光辉灿烂，并为新的一天做好准备。当我们的精神在那里遇到了外面的声响和愉悦，风声和鸟鸣，它确实需要一些自由发挥的空间来与天地万物美好无尽的能量融合交流。

228. 起居室一定要视野广阔，没有愉快的环境，美食也不可想象。但只有蹩脚的建筑师才会为了一扇窗户的视野而把整栋建筑置于开阔地带，况且美好窗景的关键是撷取远景中恰到好处的一小块，而不是展现一大片同质的炫目景观。有湖景吗？波光必须从附近树干的间隙中透射出来，能看出流向即可。然后形成一片开阔的水域，或出现一段美丽的河岸。有山景吗？峰顶必须出现在树叶上方或中间，险峻而引人注目，但不能一览无余，好像我们想要测量它们一样。这样的视界总是与我们隐居的程度相符。在这些操作中，建筑师的首要敌人是雇主的虚荣心，后者想看到的总是比他该看到的以及看着愉快的更多，也不去考虑旁观者会为他的贪心付出多大的代价。

229. 位置就说这么多。现在只剩下外形和色彩的问题了，之后我们就可以结束这项最为乏味的研究。而从考察防御性建筑中总结出的原则[1]，尽管我们也希望它们能在理论上有用，对我国的风景却没有应用价值，现在很幸运地不需防御了。我们也希望从宗教建筑中总结出来的原则，能够比建筑艺术中最低等的分支更具吸引力，后者勉强可以纳入建筑艺术之列——也是我们近来一直在思考的，其目的仅仅是为黑暗、肮脏、可鄙的躯壳提供庇护和舒适，而一切高雅艺术所要追求的纯粹理念，在尚不成熟的时候，都被幽闭其中。

230. 有两种增强物理或精神效果的模式——相似或对比。假设我们已经有了属于某种风格的若干特征或存在物，我们可以再添加一项同一风格的特征来增强一致性并强化该风格。也可以引入不同风格的其他特征来突出已有的特征并强化其效果。例如，假定风格是由几种物体构成的某种明暗度。如果我们添加属于同一风格的另一特征，我们就强化了明暗度的整体印象。如果我们添加不属于该风格的特征，我们就加深了明暗度的效果。

我们用来选择建筑模式的原则十分重要，也必须在结束别墅建筑

〔1〕 再次提及有意撰写的续篇。

的研究之前总结完毕。

231. 一种风格或效果的印象取决于其深度和广度。深度通常意味着运用得当，广度或者指时间，或者指空间，或两者都有。色彩的广度只限于空间，形成一般所说的范围。声音的广度空间和时间兼而有之，空间取决于声波的振幅，也决定了音调的高低。情感的深度只体现在时间上。在一切风格中，深度决定了印象，广度决定了印象的效果，即加诸于感受的长久作用，或对于我们感官的冲击，与对我们自身毫无影响的一般印象相对。

例如，暗影的天然倾向是引发恐惧或忧郁。阴影的深度是关于其本质特征的一般印象，而阴影的广度是指它引起的恐惧或忧郁。

因此，如果我们希望加强某种风格体现在外物上的一般印象，我们必须增进深度。但如果我们希望这种印象能够长久地影响我们，我们就必须增进广度。

深度总是通过对比来增进，广度则是通过相似。略举几例即可。

232. 蓝色被称作冷色，因为它在视觉上引发清凉的感受，而且大自然在寒冷的地方也大量使用蓝色。

假设我们绘画的主体是荒原风暴，前景中有一栋可怜的农舍。远景和氛围是寒冷的蓝色，并且我们希望加重这种不舒服的感觉。

窗外挂着一块抹布：它应该是红色还是蓝色呢？如果是红色，这一抹暖色会造就强烈的反差，会让蓝色和寒冷的感觉更显著，也会增进两者的深度以及对冷感的一般印象。但如果是蓝色，它会把远处的冰冷带入前景中来，会用不舒服的寒冷填满所有的空间，会让荒原失去所有的调剂，会增进这一风格的深度，也会影响观赏者的精神和感受，让他看了发抖。

如果我们是在画画，就毋须犹豫：用红色。因为画家希望的是尽量给人留下风景十分寒冷的印象,而不是希望观赏者对寒冷感同身受，他要让色彩的组合尽可能赏心悦目[1]。但如果我们绘制的是戏剧舞台的布景，目的是制造错觉，我们就要坚决采取相反的原则：用蓝色。因为我们希望观看者切身体会到寒冷的不适感，误以为自己就置身于场景中。

233. 所以莎士比亚曾遭到一些挑剔的傻瓜指责，说《罗密欧与朱丽叶》中默库肖和保姆的风趣幽默、《李尔王》中的弄臣、《麦克白》中的守门人、《哈姆雷特》中的掘坟者等元素有碍悲剧感。没有这回事。它们无限加深了它，尽管减少了广度。结果是什么？主人公的痛苦远比用其他方式表达得更为强烈，我们也感到了不可遏止的同情。如果缺少了这种对比，痛苦的感受就会直达我们的内心，引发的不是我们的同情，而是自私。悲叹之感全无，悲剧只会让我们自己觉得非常不舒服，而不会洒下眼泪或义愤填膺。人物愉快讽刺的笑声犹在耳畔，却说着“你们这两家倒霉的人家，我已经死在你们手里了”，倒在我们面前，我们的感受分外强烈。但如果我们之前没听到笑声，那就只有一份沉闷的忧郁，引起的是痛苦而非悲悯。

234. 因此不难看出，我们用来增强效果的选择是何其重要，我们从中得出的指导原则就是，如果我们希望强化一般印象，或引发观者的同理心，就要用对比。但如果我们希望扩大印象的作用范围，或达到感同身受的效果，就要用相似。

不过当用来对比的特征不够典型的时候，即我们既希望突出特征

〔1〕 这一原则上的不同是一般画家和立体模型或曰全景绘画者的主要区别。

本身，又希望突出它调剂的东西，这一原则就会变得复杂。此外，并不是总能轻松确定是要增进一般印象还是作用范围。大多数情况下以深度为美，很多时候广度只是单调。其他情况下广度是庄严，深度是痛苦：个别情况下深度和广度相得益彰。

235. 无法给出适用所有情形的原则，但必须注意以下几点：第一，当我们运用对比时，它必须自然而然、完全可能。所以悲剧中的对比是人性的自然产物，是日常生活中的所见所感。如果对比不合情理，就会毁掉它要增强的效果。

1794 年，坎宁[1]拜访了一位法国流亡者。不觉谈到了不久前发生的处死王后的事。巴黎人不能自持地扑倒在地，哭喊哀号“善良的王后！可怜的王后！”随即一跃而起，并且嚷道：“不过，先生，你应该看看我的小狗如何跳舞。”这样的反差尽管对巴黎人而言很自然，却有些不合常理，所以是有害的。

236. 第二，当总体风格不是来自外界，而是源自事物内部稳定的特质或深度时，通过特质的缺失来促成对比也是有害的，且会有损整体性。因此第 42 节提到的瑞士农舍阴冷无色的外观对于茂盛的风景就是有害的对比，后者是周围事物的自然表现。由于意大利风景的特点是多曲线，分布其间的建筑外观也必须遵循同样的原则，如第 144 节所言。

237. 第三，如果主要特征可以通过不同方式在单一物体上实现，对比的效果就会很好。因此意大利山区由于宏伟的外观所具有的庄严感，别墅通过简约的外形和高雅的细节也表达了出来。而如画蓝色区曲线中

---

〔1〕 乔治·坎宁（1770—1827），英国著名政治家、外交家，曾任英国首相。——译注

的矩形建筑含有其本质特征，是有趣又有所调剂的对比。相反，任何伊丽莎白式的锐角，是通过剥夺曲线的同一性来实现对比，也就不合适。

238. 第四，当总体特征不是由各类同源异质的物体不约而同地体现出来，而是直接表现在每个物体上，这是重复而非一致。这时对比已经不仅是合适，而且是必需了。因此形成一道美丽风景线的几种物体拥有了共同的特征，但如果那种特征单独体现在每一个上面，就会枯燥乏味。寥寥几条平行线总是容易出现这种效果。因此远处的平原如果没有像伦巴第那样葳蕤的草木，或者大片的森林或远山覆盖住地平线，就会缺乏美感。要是这些都没有，立刻便显单调，如果远处能出现一座斯特拉斯堡那样的塔形建筑，将会再好不过，或者说垂直的建筑都可以。彼得伯勒是此类调整的范例。需要记住的是重复并非相似。

239. 第五，真正美丽的特质在哪里都是美的，不消说缺失后的对比也是不快的。只有局部或偶然的美丽才需要对立面。

第六，可以说一切对比的边界处应该在效果清晰的前提下尽量柔和。我们的意思是渐变优于剧变，尽管效果稍逊，却会更加悦目。但也必须视情况而定。

第七，在判断对比是源自外部特征的释放，还是内部特质的缺失时必须非常小心，这往往很难把握。而阿尔卑斯山谷的平静乍看之下，似乎是山景庄严有力的特性缺失造成的对比所致，但实际上是由于摆脱了外界的荒凉猛烈。

240. 以上原则适用于一切艺术，绝无例外，对绘画和建筑而言尤为重要[1]。有时还会发现一条原则阻碍了另外一条，这时最重要的无

〔1〕 更进一步的讨论见《绘画的元素》第三封信。

疑是遵从。但总的来说，它们会在我们感到迷茫和差强人意的时候，为我们提供一条得出成果的捷径。

现在我们可以来判定英格兰山地别墅的最佳外观了。

241. 我们必须首先观察附近山区的地形：如果是竖直的，一定较为单调，因为笔直的峭壁不会形成群组，所以根据第四条原则，建筑的外观必须平直。图恩湖附近的山体偏向竖直，建筑物也重复了这一点[1]，效果非常糟糕。但科莫湖附近的山体同样垂直，而建筑的外观偏向平直，这样效果就不错。但如果附近的山区以曲线为主（它们要么是曲线，要么是竖线），我们绝不能扰乱它们的特性，因为这种特征属于群体而非个体，所以我们的建筑必须是矩形。

因此，这两种情形下别墅的外观是一致的。但一种属于对比，另一种是相似。我们必须确定每栋建筑物所要采用的原则。先说对比的情形：笔直的峭壁是天崩地裂的结果，甚至可以说是充满了毁灭、扭曲、折磨的感觉。我们要把建筑从这种感觉中解放出来，使之恬静、优雅、安逸。感觉的对比也体现在线型上，这样两者的特质都得到了充分的体现，但并无深度的展现，观者不会感到不快，既不至于在恐怖的峭壁面前退缩，也不会觉得建筑柔和却乏味。

242. 其次，远处的山景明显偏僻荒凉，所以别墅必须看起来愉快活泼（但不是轻浮，是开朗）。这样做也能增加远景的庄严，我们在谈论威斯特摩兰郡农舍的时候已经展示过了。因此我们可以设计几扇窗子来增进效果，前提是它们线条平直，不至于搅扰前文提到的必要的宁静。

以上三处对比差不多了：建筑没有其他要摆脱的外界影响，并且

---

〔1〕 杂志上一幅不清晰的木刻画展示了它们的角楼和尖塔，不值得重印。

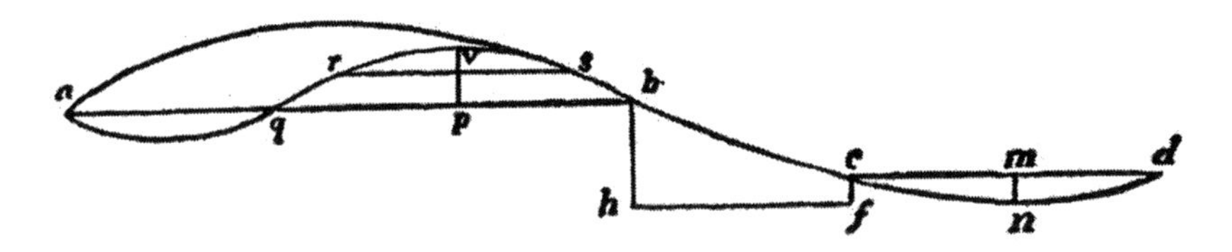

图 14. 别墅结构的主线

必须表达出自身的风格，不然我们就感觉不到和谐。所以在继续之前，我们最好先确定如何通过细节来体现这种对比。

243. 我们的线型是平直的，所以屋顶越平越好。我们无需考虑积雪，因为无论我们怎样倾斜屋顶，它都不会从此间唯一适用的屋顶材质上滑落下来。而且农舍的屋顶总是很平，如有不妥之处的话，是不会采用这样的外形的。但为了第二种对比效果，我们在平直之外还需要优雅闲适。那么我们必须令屋顶有一定的高低起伏，但也不能差距太大，不然就会看到竖线了。这必须谨慎对待。

244. 以图 14 中 a 到 d 之间的水平距离作为建筑的长度画一条较浅的 S 型曲线。a 到 b、d 到 c 之间做直线，向下做竖线 cf 等于 mn，到达最低点。然后做 hf，hf 到 cd 之间，cd 到 ab 之间的距离都应该用曲线来填充。这样我们就得到了一个比例恰当的外观。还可以使用不同的曲线加以丰富，如抛物线和摆线等。但使用曲线总是获得良好外观的最佳方式[1]。

还可以通过更多的组合深化闲适感。例如，穿过横线 ab 做另一条曲线（aqb）。取最高点做 vp，过其中点做横线 rs（注意让这条曲线的最大顶点接近总曲线的最小顶点，以求平衡），连接 rq 和 sb，

〔1〕 对照《现代画家》第四卷第十七章第 49 节，以及《绘画的元素》第三封信。

我们就得到了另外一个同样优美的外形。可以把它置于建筑的一侧，但不能两侧都放。

245. 如果平直的屋顶仍显枯燥，可以用阁楼窗来打破，但一定不能是三角形，而要与 ab 之间的曲线保持一致。这会立刻让建筑显得谦逊，驱除任何可能残留的、不合时宜的意大利气质。

窗户可以有较宽的檻檐，但不能有飞檐。这种装饰既傲慢又古典，两者在这里都不合适。它们应该等高，但不必等距，不然就会显得正式又做作，与周围自由随意的气氛不相称。个别可以是拱顶，但由于屋顶是从 a 到 b 的曲线，曲线和正方形组合会比较优雅。最多不超过两层加阁楼，不然建筑就太高了。

别墅的轮廓就说这么多，这里体现的是对比。现在简单说几句相似，然后就可以谈论两者都适用的建材和色彩了。

246. 轮廓的设计原则必须完全一样，之前用于对比的曲线，现在是为了相似。当然我们并不是说山区的每一栋别墅都应该有 abcd 的外形，那样我们会无聊死的。我们以这样的外形为范例说明我们需要遵从的原则，但它不应该得出任何重复的结果。这一外形的变体总是有用的，凹陷处的 hf 下面，可以修建门廊和活动室，这在山区尤为必要，因为这里一年中每天的大部分时间都在下雨。而 cd 下面可以修建厨房、佣人间和车库，从而让主体部分安静舒适。

247. 由于曲线区没有之前提到的那种狂暴扭曲的感觉，我们也就用不着刻意追求平和的外观，可以更古典高贵一些。窗户可以安排成对称，如有蔚蓝起伏的远景，上面一层甚至可以有飞檐。檻檐要窄一些，屋顶可以有阁楼，里面的居民可被安置在房子的另外一侧。但这样做的时候必须小心，不能搞成希腊式。我们不久就将看到，建材不支持古典式。建筑的任何部分都不许出现圆柱或柱顶。一切都应该是纯净的，但也应该是英式的。这里的建筑也应该像其他地方一样，整体注重实用，与其所在的农业区相匹配。

248. 不能认为美丽的风景会让人变得富于幻想、充满热情，从而把细节塑造得天马行空。热情与土耳其地毯或安乐椅无关，而别墅为身体提供的舒适也与精神的兴奋缺乏联系：这是将住宅建在丰饶之地的又一个原因。大自然把它庄严的部分留给我们用来感受和思考，把她多产的部分安排给我们吃住。如果我们在庄严的部分生活，未免成了野蛮人。若我们在农业区作诗，就成了怪人。不同的生存状态拥有各自的时间和空间，我们不应僭越自然定下的边界。她在一部分完全诉诸精神，那里除了欧洲越橘没有其他食物，除了岩石没有其他休憩之处，我们也用不着带上装着奶酪、啤酒和三明治的野餐篮，到大自然不希望我们用餐的地方去满足我们的兽性（如果她希望的话，我们也就不用带上餐篮了）。她在另一部分为我们提供了必需品，如果我们纵容自己异想天开而不是安享舒适，就太奇怪了。因此对于山地别墅，我们只需让它适合最善于感受的人居住，但只适用于他在一般状态而非狂喜状态下的居住。它必须是人类而非灵魂的居所，适合退隐而非进取，也用不着不朽。

249. 记住两种别墅外观的差异，下面的论述与两者都有关。我们已经多次提到山地前景极为丰茂，这是一种内部特征，不宜对比。生冷的色彩尤其要避免，贫乏的外表也是一样。因此，如有过于生硬的边角或暗淡的嵌线，加上一圈叶饰能为建筑增光添彩——当然，是石雕的。听起来很贵而且有点惊人，但我们不是在讨论预算：问题在于应该如何，而非能负担什么。此外，我们已经说明了在造城堡、树尖塔以及其他的异想天开上花费是有害的，那些本来可能浪费在水泥城垛上、毫无益处的开销，当然可以用在石雕叶饰上来增加好处。如果装饰太多太明显，会有损建筑的简约和谦逊，以及我们努力想要获得的一切。因此建筑师必须很小心，最好直接向他努力效仿的自然美求助。

250. 当大自然决意装饰一块突出的岩石，她总是从陡峭突出的表面开始，视线会不由自主地被它吸引过去，（不妨看看她的做法和之前探讨的原则是多么接近）她用的材料是地衣，并把色彩巧妙混合，让我们感到百看不厌。但她绝不用多余的部分来引人注目。然而，在岩石接近地面的阴影部分，那里并不引人注目，她的装饰也相对浓重，大片的草和叶子，一簇簇的苔藓和石楠，外形突出，色彩也深。因此，建筑师必须按照完全一样的原则来行事：外层可以任由风吹日晒来改造，但不能容许暗处长出杂草。所以他必须自己来做这件事，那些晦暗不清的地方，那些阴暗狭窄的角落，如果能够的话，他应该加上一圈花饰。雕饰的位置必须恰到好处，不受气候的影响。如果完全暴露在雨水中，它会消蚀掉。但在需要它的缝隙里，它是安全的。它也不会损害整体效果，直到我们走近才会出现，仿佛是从黑暗中走出来，履行自己的职责，完善建筑的效果，使之与周围保持一致，满足精神的自然需要，在人为的设计中也体现出同样的繁复，近看目不暇接，远看与大自然的总体设计浑然一体。

251. 对于装饰本身，要注意的是不能成为建筑装潢（那种“高雅”、得体、恰当的东西），即小巧造型的组合，线条的重复，每一处都带有宏观设计的本质精华、精神气韵。而要有真正的雕塑，展现出形态纯粹的理想，不需色彩就能传达完美的理念。是植物的石像，不一定要在细节上多么精确，但一定要有花或叶的含义在其中。不应有一丝其他类型的装饰，叶饰应该比花饰多，因为线条更优美流畅。不用尝试高浮雕，但叶片的边缘应该清晰而精致。卷心菜、葡萄和常青藤的叶子是最美最好的，橡树叶有点僵硬，除此之外也不错。要倍加注意叶柄和卷须的流畅，必能得到回报。尤其要小心的是雕饰不能做成花冠或花结，或其他死板的装饰，就像哥特式那样。但茎干应该从石头上自然而然地伸展出来，好像根植其中一般，投射到需要它们的地方，消失在细小的分枝中，好像它们仍在生长一样。

252. 这些都需要在设计时留心，但如我们之前所说，没有装饰也无妨。不过如果要做，就要做得好。节俭毫无用处，不当地省掉一法新[1]，将造成一先令的损失，这并不划算。要均衡细部的效果，它们的结构必须彼此相异。同一组合可以在不同的部分重复数次，但需要呼应的时候不能这样，以免效果不自然。其实也很难重复过度，因为装饰必须在总体效果之外，必须近看才能注意到，即使是这样，也不能成为设计必要的组成部分，而必须分散、小心地使用，以达到偶然散落在一些地方的效果，宛若大自然随意撒下的一束野草，是装饰而非掩饰，调剂而非干扰。

253. 外观就到这里。色彩的问题在农舍部分已经谈论过了。但要注意的是别墅由于其位置的缘故，其较高的山区背景中的蓝色比农舍周围的景色要浓三到四倍。所以建筑物的色彩可以更温暖一些，效果也可以更愉快。它不应该像农舍那样，看起来像块石头，而应该在视觉和精神上都像一座建筑物。因此通常可以使用少量的白色，特别是在大而和缓的湖泊的岸边，如温德米尔湖以及罗蒙湖边。但奶油色、浅灰色以及其他灰泥类的色彩不可原谅。如果白色看起来不够温暖，

---

〔1〕法新是英国1961年以前的铜币，等于四分之一便士，一先令等于48法新。——译注

温德米尔湖

建筑的色彩无疑应该加深。无论位于何地、环境如何，暖灰色都很美丽。实际上，除非业主像鳕鱼一样喜爱潮湿的环境，在房屋周围和附近的树木的作用下（如果是白色，一定会有树木来防止眩目），这种灰色是唯一美丽的色彩，甚或是唯一不难看的色彩。难点在于如何获得，这就自然转到了建材的议题上。

254. 如果是白色，我们可以不加装饰，因为阴影将过于明显，我们得到的只有庸俗。简约的外观适用于任何防潮的材质，而屋顶在任何情况下都应该由当地的粗板岩构成，尽量不要加工。上面一定不能允许长苔藓或其他显眼的植被，不然就会有种不恰当的衰败感。但地衣多多益善，而且石板越是粗糙，染色的过程就越快。如果是灰色，我们可以用灰色的粗石灰岩，它们没有粗糙的边缘，也不用把它们打磨得过于光滑。也可以用更致密的灰白色石板，这在威斯特摩兰郡很常见。装饰部分任何粗糙的深色大理石都可以。粗玄岩是非常好的材质，也有精良的表面，但难以维护。对于暖灰色来说，更灰一些的花岗岩往往效果不错，粗斑岩也是一样。粗疏的石块表面可以向外凸起，这样可以在不受潮的情况下保持住它沾染的色彩。要记住的是如果有人喜爱整齐胜过美观，喜爱锐角胜过曲线，喜爱光洁的表面胜过地衣的色彩，大可不必住在山区。

255. 以上是建筑自身的注意事项。至于与附近土地和植物的特征相融合的方式，大可不必多谈：具体的变化无穷无尽，涉及全部构造理论，而连篇累牍总结出来的原则，不过是为了达到经验瞬间就能得出的结果。起伏不平的地面、这种起伏的色彩和特征、空气的特质、风吹日晒、光线的角度、近处和远处植物的数量和形状，都会影响设计效果，设计师也应该对此心中有数，即每一处地方的周围环境都各不相同。只能给出一条总则，之前已有提及。建筑一定不能是一个孤立的存在，不能只考虑自身，它必须是均衡整体的有机组成部分：它甚至绝对不能一览无余。见到一端的人应该觉得，根据现有信息，他无法推测出另外一端的模样，但能感到它与世间万物无论动静、无论有声或无声的协调一致之美。

256. 现在我们已经评价过现有的别墅建筑中最为有趣的一些案例，我们也把这些案例中总结出的原则应用到了我国的风景中。我们一直努力关注这些原则的内核而非表面，并展现本章标题所示原则的魅力，表达对本国自然景色之美的满足，不鼓励异想天开、仿古或模仿异国风情。一切模仿都源于虚荣，而虚荣乃建筑之祸。在本部分即将结束之际，我们仅此一次提醒森普罗尼乌斯在英国的儿孙们，那些喜爱各种“新奇高档别墅”[1]的人们，以及那些对所有的英国风情和自然规律不屑一顾之辈，只有醉心贵族的小市民才会倒穿他的晨衣，“因为上等人的衣服花朵都朝下”[2]。

1838年10月于牛津

〔1〕“新奇高档别墅”原文为拉丁语，出处是罗马讽刺作家尤维纳利斯讲述一个人在建造豪宅上浪费了许多钱财，但是他的儿子为了建造新奇高档别墅将剩下的钱也挥霍殆尽。——译注

〔2〕“因为上等人的衣服花朵都朝下”原文为法语，法国著名剧作家莫里哀的讽刺喜剧《醉心贵族的小市民》中，热衷附庸风雅的主人公问裁缝为什么自己礼服上的花朵朝下，裁缝回答了这句话。——译注